全图解

最靓儿童毛衫编织

王春燕 著

河南科学技术出版社
· 郑 州 ·

目 录

4

泡泡袖上衣

织法见 → P.82

6

列**兵开衫**

织法见 → **P**.84

束腰开衫 VS 立领开衫

立领开衫

织法见 → P.86

束腰开衫

织法见 → P.88

小爵士裙 VS 万象气质军装

小爵士裙

织法见 → P.90

13

超帅开衫 VS 披肩式上衣

超帅开衫

织法见 → P.94

披肩式上衣

织法见 → P.96

搭领上衣 VS 搭领卫衣

搭领上衣

织法见 → P.98

搭领卫衣
织法见 → P.100

紧 袖大领上衣
织法见 → P.102

23

T恤领上衣

织法见 → **P.104**

立领上衣

织法见 → **P.**106

翻领公主**裙**

织法见 → P.108

立领上衣 VS 翻领公主裙

公主式开衫 VS 直袖开衫

公主式开衫

织法见 → **P.110**

直袖开衫

织法见 → P.112

大麻花开衫 VS 假双排扣上衣

大麻花开衫

织法见 → **P.114**

假双排扣上衣

织法见 → P.116

韩版裙式上衣

织法见 → P.118

小铃铛开衫 VS 方领女爵衣

小铃铛开衫
织法见 → P.120

方领女爵衣
织法见 → P.122

圣诞印象开衫
织法见 → P.124

茜茜公主开衫 VS 方领豆豆上衣

茜茜公主开衫

织法见 → P.126

方领豆豆上衣

织法见 → P.128

43

小魔女制服

织法见 → P.130

花边领小衫 VS 高腰列兵服

花边领小衫

织法见 → P.132

高腰列兵服

织法见 → P.134

47

小公主开衫

织法见 → P.136

明星范儿小开衫 VS 肩章小开衫

明星范儿小开衫

织法见 → P.138

肩章小开衫

织法见 → P.140

开领上衣

织法见 → P.142

绞花合体上衣 VS V领开衫

绞花合体上衣

织法见 → P.144

V领开衫

织法见 → P.146

甜心小裙

织法见 → P.148

60

新贵燕尾式开衣 VS 安德烈王子礼服

新贵燕尾式开衣

织法见 → **P.**150

安德烈王子礼服
织法见 → P.152

围巾式披肩

织法见 → P.154

球球袖大领上衣

织法见 → P.156

爵士上衣 VS 球球袖大领上衣

爵士上衣

织法见 → P.158

如意高领上衣

织法见 → **P.**160

蓬蓬公主裙

织法见 → P.162

方领直袖上衣

织法见 → P.164

泡袖公主上衣 VS 时尚开衫

时尚开衫

织法见 → P.166

泡袖公主上衣

织法见 → P.168

毛衣各部分称谓

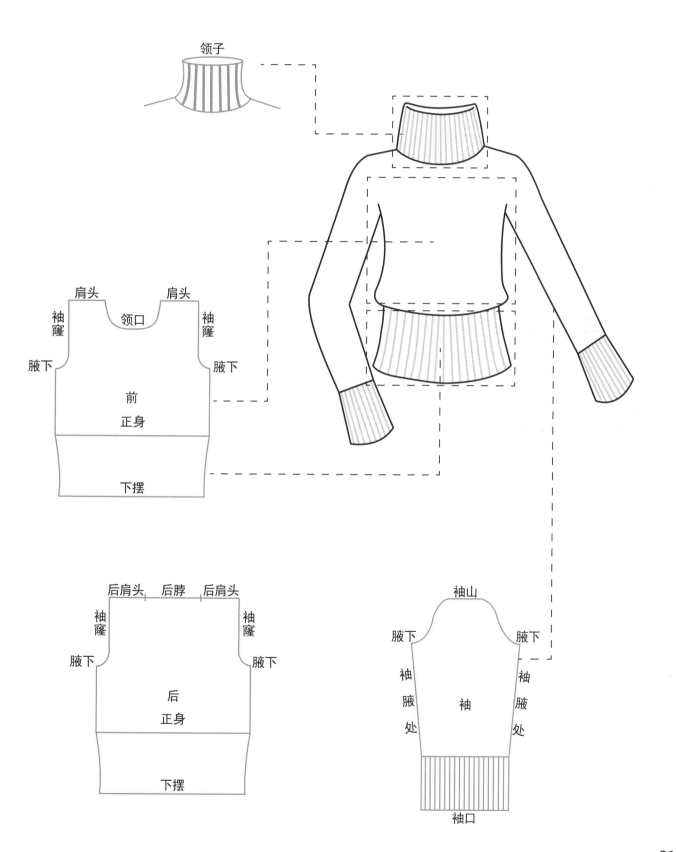

领子

肩头　　领口　　肩头
袖窿　　　　　　袖窿
腋下　　　　　　腋下
前
正身
下摆

后肩头　后脖　后肩头
袖窿　　　　　　袖窿
腋下　　　　　　腋下
后
正身
下摆

袖山
腋下　　　　　　腋下
袖腋处　　袖　　袖腋处
袖口

泡泡袖上衣

材　料：273规格纯毛粗线

工　具：6号针

用　量：400克

尺　寸：衣长46厘米、袖长42厘米、胸围60厘米、肩宽22厘米

平均密度：边长10厘米方块 ＝ 19针×24行

编织说明：

　　从下摆起针后环形向上织，统一减针*形成束腰效果，正身改织正针，完成后减袖窿和领口，前后肩头缝合后自然形成领边。袖口起针后环形向上织，统一加针*后形成泡泡袖效果，减袖山后余针平收，与正身整齐缝合。

* 统一减针：指一次性减针。

* 统一加针：指一次性加针。

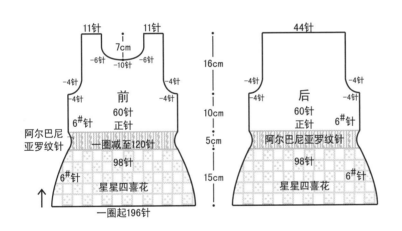

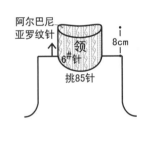

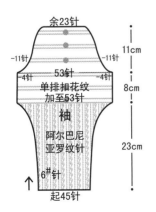

阿尔巴尼亚罗纹针

编织步骤:

1. 用6号针起196针,环形织15厘米星星四喜花。

2. 统一减至120针后改织5厘米阿尔巴尼亚罗纹针。

3. 改织10厘米正针后减袖窿:①平收腋正中8针,②隔1行减1针减4次。

4. 距后脖7厘米时减领口:①平收领正中10针,②隔1行减3针减1次,③隔1行减2针减1次,④隔1行减1针减1次。余针向上直织,前后肩头缝合后,从领口处挑出85针环形织8厘米阿尔巴尼亚罗纹针后松收平边形成高领。

5. 袖口用6号针起45针,环形织23厘米阿尔巴尼亚罗纹针后,统一加至53针后环形织8厘米单排扣花纹后减袖山:①平收腋正中8针,②隔1行减1针减11次。余针平收,与正身做泡泡袖缝合。

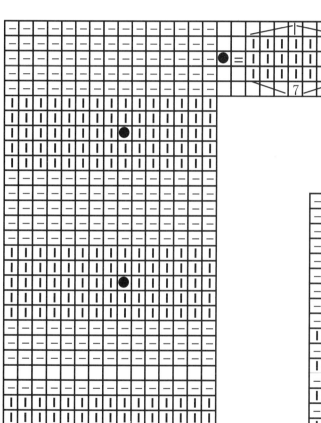

单排扣花纹

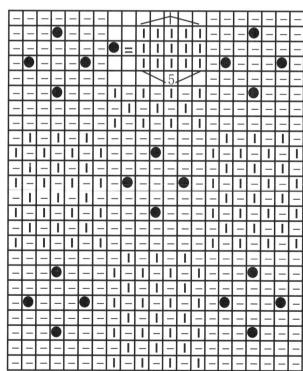

星星四喜花

注意单排扣花纹里的球球针为7针。

列兵开衫

材　料：273规格纯毛粗线

工　具：6号针

用　量：400克

尺　寸：衣长57厘米、袖长42厘米、胸围68厘米、肩宽21厘米

平均密度：边长10厘米方块 ＝ 19针×24行

编织说明：

　　从下摆起针后往返向上织大片，先减袖窿后减领口，前后肩头缝合后挑织翻领；袖口起针后规律加针至腋下，减袖山后余针平收，与正身整齐缝合。

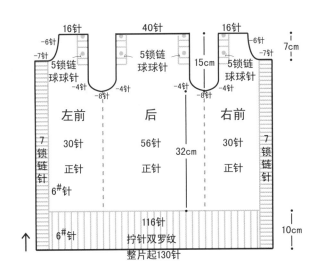

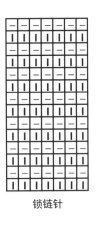

锁链针

正身排花：

7　116　7

锁　正　锁
链　针　链
针　　　针

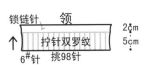

袖子排花：

7
锁
链
球
球
针
25
正针

编织步骤:

1. 用6号针起130针往返织，左右各7针织锁链针，中间116针织拧针双罗纹。

2. 至10厘米时按正身排花织32厘米后减袖窿：①平收腋正中8针，②隔1行减1针减4次。距后脖7厘米时，前后肩头靠袖边一侧改织5锁链球球针，前后共4组。

3. 距后脖7厘米时减领口：①平收领一侧7针，②隔1行减3针减1次，③隔1行减2针减1次，④隔1行减1针减1次。前后肩头

缝合后，从领口处挑98针，往返织5厘米拧针双罗纹后改织2厘米锁链针后紧收平边形成翻领。

4. 袖口用6号针起32针，环形织5厘米拧针双罗纹后按排花环形向上织，同时在袖腋处隔11行加1次针，每次加2针，共加4次。总长至31厘米时减袖山：①平收腋正中8针，②隔1行减1针减11次。余针平收，与正身整齐缝合。

拧针双罗纹

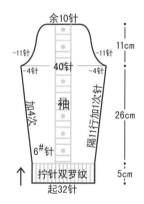

余10针
-11针 40针 -11针 11cm
-4针   -4针
袖
隔11行加1次针
26cm
加4次
6#针
拧针双罗纹 5cm
起32针

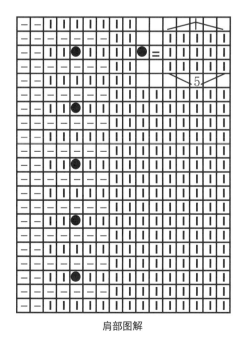

肩部图解

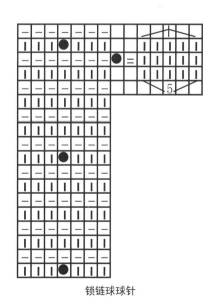

锁链球球针

温馨提示

正身肩部织锁链球球针时，分别在外侧留2针用于缝合袖子。

9 立领开衫

材　料: 273规格纯毛粗线
工　具: 6号针
用　量: 400克
尺　寸: 衣长41厘米、袖长43厘米、胸围65厘米、肩宽17厘米
平均密度: 边长10厘米方块 = 22针×24行

编织说明:

从下摆起针后整片向上织,减袖窿和减领口同时进行,门襟不缝合,依然向上织至后脖正中缝合形成领子;袖口起针后规律加针至腋下,减袖山后余针平收,与正身整齐缝合;最后在右门襟缝好纽扣。

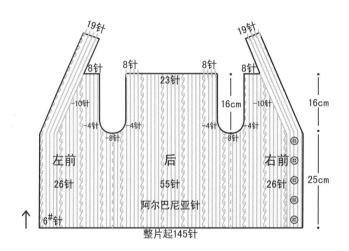

整片起145针

整体排花:

3	1	1	1	5	1	1	1	5	……	5	1	1	1	5	1	1	1	3
正针	反针	阿尔巴尼亚针	反针	正针	反针	阿尔巴尼亚针	反针	正针		正针	反针	阿尔巴尼亚针	反针	正针	反针	阿尔巴尼亚针	反针	正针

编织步骤:

1. 用6号针起145针,按排花往返织阿尔巴尼亚针。

2. 整片总长至25厘米后减袖隆:①平收腋正中8针,②隔1行减1针减4次。

3. 减袖隆的同时减领口:①取边沿19针作为门襟,在门襟的一侧隔1行减1针减5次,②隔3行减1针减5次。前后肩各取8针缝合后,门襟的19针不缝,依然向上织,至后脖正中时对头缝合形成领边。

4. 袖口用6号针起40针,环形织正身一样的花纹,同时在袖腋处隔13行加1次针,每次加2针,共加4次。总长至32厘米时减袖山:①平收腋正中8针,②隔1行减1针减11次。余针平收,与正身整齐缝合。

5. 在右门襟缝5个纽扣。

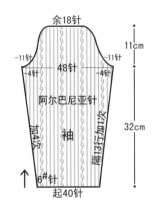

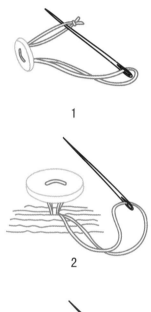

1

2

3

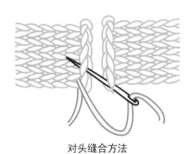

对头缝合方法

4

扣子缝法

阿尔巴尼亚针

温馨提示

门襟多织的一部分在后脖缝合形成领子。

束腰开衫

材　　料：273规格纯毛粗线

工　　具：6号针

用　　量：550克

尺　　寸：衣长44厘米、袖长41厘米、胸围71厘米、肩宽28厘米

平均密度：边长10厘米方块 = 19针×24行

编织说明：

从下摆起针后按花纹整片向上织，减袖窿和减领口同时进行，门襟边不缝合，向上直织后对头缝合形成领边；袖口起针后环形向上织，按要求加、减针后至腋下，减袖山后余针平收，与正身整齐缝合，最后从后腰挑织腰带。

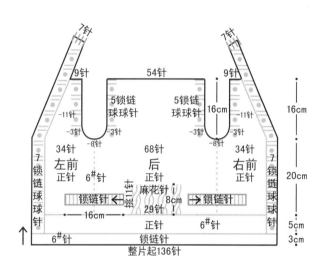

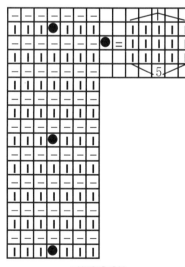

7锁链球球针

正身排花：

7	46	1	6	1	6	2	6	1	6	1	46	7
锁链球球针	正针	反针	麻花针	反针	麻花针	反针	麻花针	反针	麻花针	反针	正针	锁链球球针

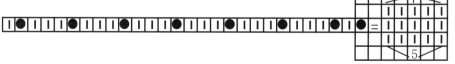

球球针

88

编织步骤:

1. 用6号针起136针,往返织3厘米锁链针。

2. 改织正针后,左右各7针改织锁链球球针。

3. 总长至8厘米时,取后腰29针改织8厘米麻花针后依然织正针。

4. 总长至28厘米时减袖窿:①平收腋正中8针,②隔1行减1针减3次。减完袖窿后,前后片肩袖交界处改织1组5针锁链球球针至肩头缝合处。

5. 减袖窿的同时减领口:①在7锁链球球针内侧隔1行减1针减5次,②隔3行减1针减6次。前后肩头缝合后,门襟的7针锁链球球针不收针,依然向上直织,至后脖正中时对头缝合形成领边。

6. 袖口用6号针起48针,环形织3厘米锁链针后改织5厘米正针,再织1行球球针后,统一减至36针改织正针,同时在袖腋处隔13行加1次针,每次加2针,共加3次。总长至30厘米时减袖山:①平收腋正中8针,②隔1行减1针减11次。余针平收,与正身整齐缝合。

7. 从后腰麻花的左右各挑出11针往返织16厘米锁链针,形成半腰带固定在腰前。

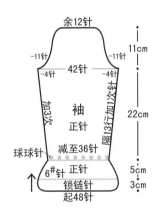

余12针

-11针 -11针

11cm

-4针 42针 -4针

袖
正针

隔13行加1次针

22cm

球球针

减至36针

6#针 正针

5cm

锁链针

3cm

起48针

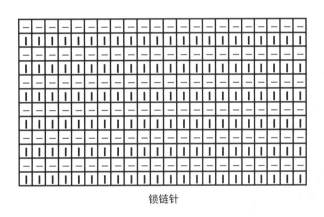

锁链针

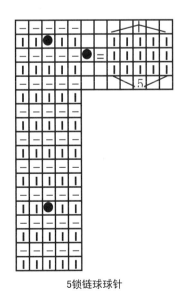

5锁链球球针

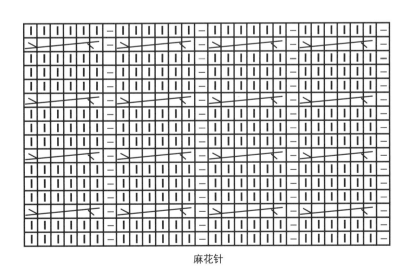

麻花针

前后片织好后,只缝合肩头,门襟的针目不缝,继续向上织,在后脖对头缝合后可形成领边。

小爵士裙

材　料：273规格纯毛粗线

工　具：6号针　6号环形针

用　量：400克

尺　寸：衣长54厘米、袖长43厘米（腋下至袖口）、胸围65厘米

平均密度：边长10厘米方块 ＝ 19针×24行

编织说明：

　　从下摆起针环形向上织，统一减针后按排花织正身，前片有花纹，后片为正针，至腋下后，按英式插肩毛衣织法减袖窿，前后片相同；另线起针织袖子，环形直织不必在袖腋处加针，同样按英式插肩毛衣织法减袖山，两袖与正身缝合后，将前后片和两袖山余针串起环形向上织领子。

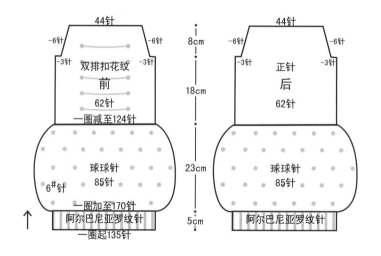

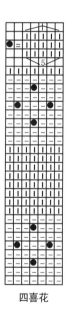

四喜花

正身排花：

袖子排花：

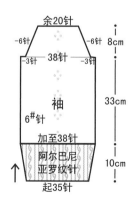

编织步骤:

1. 用6号针起135针,环形织5厘米阿尔巴尼亚罗纹针。

2. 统一加至170针后环形织23厘米球球针,统一减至124针后按排花织18厘米并减袖窿:①平收腋正中6针,②隔1行减1针减6次。前片有花纹,后片为正针,领口平留针待织。

3. 袖口用6号针起35针,环形织10厘米阿尔巴尼亚罗纹针后,统一加至38针后按排花环形向上织直筒,袖腋处不加

针。总长至43厘米时减袖山:①平收腋正中6针,②隔1行减1针减6次。

4. 将两袖和正身按英式插肩毛衣方法缝合后,用环形针将前后片和两袖山处余针串起,一圈统一减至100针,用6号针环形织12厘米阿尔巴尼亚罗纹针后收机械边。

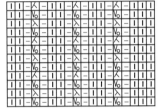

阿尔巴尼亚罗纹针

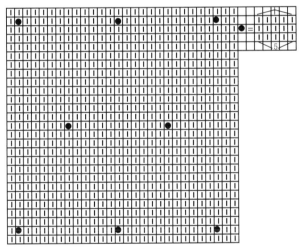

球球针

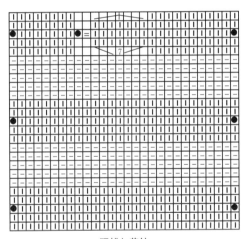

双排扣花纹

1

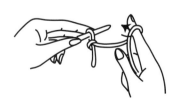
2

3

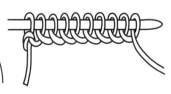
4

绕线起针法

温馨提示

注意服装前片有花纹,后片为正针。

万象气质军装

材　料: 273规格纯毛粗线

工　具: 6号针　8号针

用　量: 400克

尺　寸: 衣长44厘米、袖长43厘米、胸围63厘米、肩宽23厘米

平均密度: 边长10厘米方块 ＝ 19针×24行

编织说明:

　　从下摆起针后按花纹环形向上织，先减袖窿后减领口，前后肩头缝合后挑织高领；袖口起针后环形向上织。

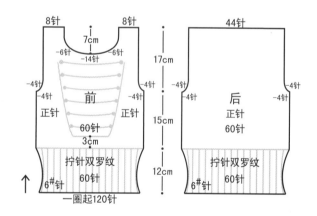

正身排花:

	1	14	1
	反针	双排扣花纹	反针
		104 正针	

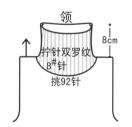

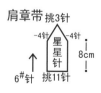

编织步骤:

1. 用6号针起120针, 环形织12厘米拧针双罗纹。

2. 不加减针向上织3厘米正针后, 前片正中按排花织双排扣花纹, 并按图解向上织形成梯形。

3. 总长至27厘米时减袖窿: ①平收腋正中8针, ②隔1行减1针减4次。

4. 距后脖7厘米时减领口: ①平收领正中14针, ②隔1行减3针减1次, ③隔1行减2针减1次, ④隔1行减1针减1次。前后肩头缝合后, 从领口处挑出92针, 用8号针环形织8厘米拧针双罗纹后收机械边。

5. 袖口用6号针起40针, 环形织10厘米拧针双罗纹后改织正针, 同时在袖腋处隔9行加1次针, 每次加2针, 共加5次。总长至32厘米时减袖山: ①平收腋正中8针, ②隔1行减1针减11次。余针平收, 与正身整齐缝合。

6. 在肩头袖与正身的缝合迹处挑出11针, 往返织8厘米星星针后, 分别在两侧隔1行减2针减2次, 形成肩章带后收针, 用纽扣固定在肩头。

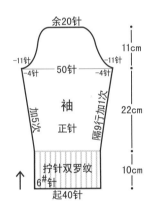

余20针

11cm

−11针 50针 −11针
−4针 −4针

袖
正针

隔9行加1次

22cm

拧针双罗纹
6#针

10cm

起40针

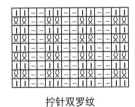

拧针双罗纹

星星针

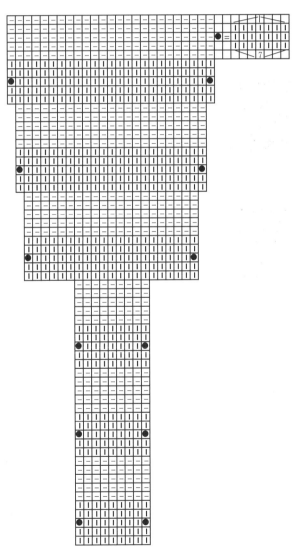

梯形双排扣花纹

温馨提示

注意胸前的球球织7针的, 收针时拉紧线, 使球球立体。

93

超帅开衫

材　料：273规格纯毛粗线

工　具：6号针

用　量：300克

尺　寸：衣长41厘米、袖长46厘米、胸围45厘米、肩宽17厘米

平均密度：边长10厘米方块 ＝ 19针×24行

编织说明：

　　从下摆起针后整片向上织，先减袖窿后减领口，前后肩头缝合后门襟不缝并向上织，至后脖正中时对头缝合形成领边；袖口起针后环形向上织，同时在袖腋处规律加针至腋下，减袖山后余针平收，与正身整齐缝合。

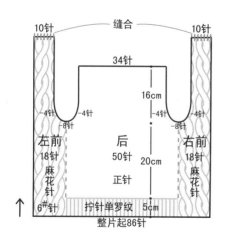

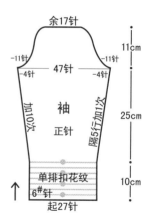

整体排花：

8	1	8	1	50	1	8	1	8
麻花针	反针	麻花针	反针	正针	反针	麻花针	反针	麻花针

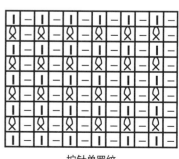

拧针单罗纹

编织步骤:

1. 用6号针起86针,中间50针织拧针单罗纹,左右织麻花针,至5厘米时按排花往返向上织片。

2. 总长至25厘米时减袖窿:①平收腋正中8针,②隔1行减1针减4次。

3. 袖窿至16厘米时,后片平收针,前片左右各10针依然按花纹向上直织,至后脖正中时对头缝合形成领子。

4. 袖口用6号针起27针,环形织10厘米单排扣花纹后改织正针,同时在袖腋处隔5行加1次针,每次加2针,共加10次。总长至35厘米时减袖山:①平收腋正中8针,②隔1行减1针减11次。余针平收,与正身整齐缝合。

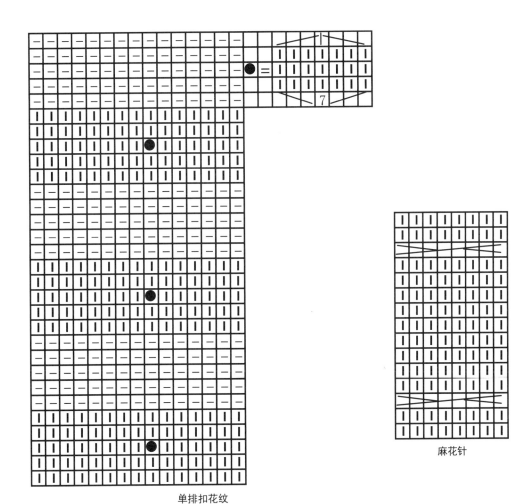

单排扣花纹

麻花针

前片在后脖对头缝合时注意缝合迹在内。

披肩式上衣

| 材　料：273规格纯毛粗线 |
| 工　具：6号针 |
| 用　量：450克 |
| 尺　寸：以实物为准 |
| 平均密度：边长10厘米方块 = 21针×24行 |

编织说明：

　　起针后首先织前片，至领口时分两片织，至后脖正中时对头缝合；另线起针织后片，完成后与前片按相同字母缝合形成背心，最后从袖窿口挑针向下织袖子。

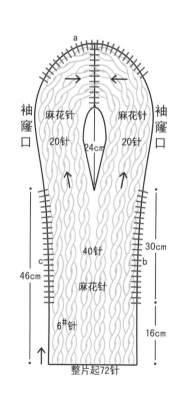

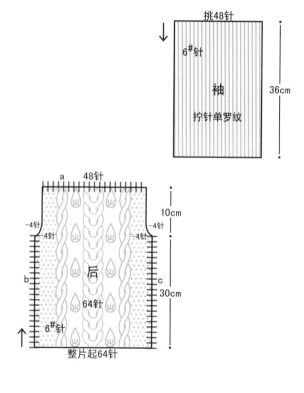

前片排花：

2	8	2	8	2	8	2	8	2	8	2	8	2	8	2
反针	麻花针	反针	麻花针	反针	麻花针	反针	麻花针	反针	麻花针	反针	麻花针	反针	麻花针	反针

后背排花：

11	6	9	12	9	6	11
星星针	麻花针	小荷针	对拧麻花针	小荷针	麻花针	星星针

编织步骤:

1. 用6号针起72针织前片，按排花往返向上织46厘米后，从正中分两片再织24厘米后对头缝合，花纹不变。

2. 另线起64针按后片排花往返织30厘米后减袖窿：①平收两侧各4针，②隔1行减1针减4次。总长至40厘米时松收平边完成后片。

3. 按相同字母松缝合各部分，形成的开口为袖窿口，从此处环形挑出48针，向下织36厘米拧针单罗纹形成袖子。

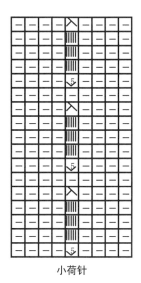

小荷针

拧针单罗纹

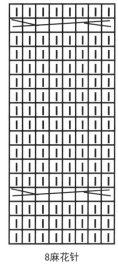

8麻花针

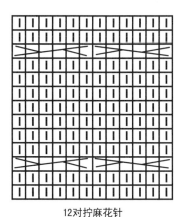

12对拧麻花针

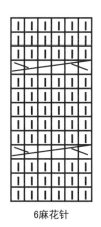

6麻花针

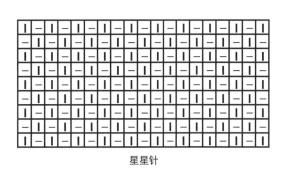

星星针

温馨提示

后脖对头缝合时以花纹完整为宜，不必刻意按尺寸收针。

搭领上衣

材　料： 278规格纯毛粗线

工　具： 6号针

用　量： 400克

尺　寸： 衣长53厘米、袖长46厘米、胸围64厘米、肩宽26厘米

平均密度： 边长10厘米方块 = 20针×24行

编织说明：

从下摆起针后按花纹环形向上织，统一减针后按正身排花向上织，先平减领口后减袖窿，前后肩头缝合后挑织领边；袖口起针后环形向上织，同时在袖腋处规律加针至腋下，减袖山后余针平收，与正身整齐缝合。

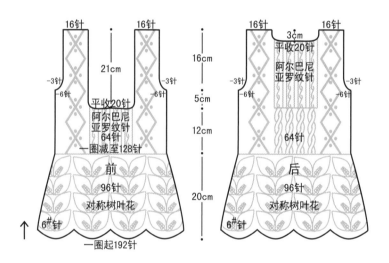

前片：
- 16针　16针
- 21cm
- 16cm
- -3针　-3针
- -6针　-6针
- 平收20针
- 阿尔巴尼亚罗纹针
- 64针
- 5cm
- 一圈减至128针
- 12cm
- 前
- 96针
- 对称树叶花
- 20cm
- 6#针
- 一圈起192针

后片：
- 16针　16针
- 3cm
- 平收20针
- 阿尔巴尼亚罗纹针
- -3针　-3针
- -6针　-6针
- 64针
- 后
- 96针
- 对称树叶花
- 6#针

正身排花：

15 海棠菱形针	20 阿尔巴尼亚罗纹针	15 海棠菱形针
14 反针		14 反针

15 海棠菱形针	20 麻花针	15 海棠菱形针

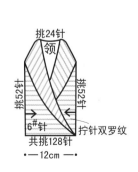

领：
- 挑24针
- 挑52针　挑52针
- 领
- 6#针
- 拧针双罗纹
- 共挑128针
- 12cm

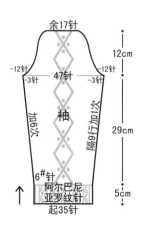

袖：
- 余17针
- 12cm
- -12针　-12针
- -3针　-3针
- 47针
- 加6次　隔9行加1次
- 袖
- 29cm
- 6#针
- 阿尔巴尼亚罗纹针
- 起35针
- 5cm

编织步骤:

1. 用6号针从底边起192针,环形向上织20厘米对称树叶花。

2. 统一减至128针后按排花向上织12厘米后减领口:①平收领正中20针,②余针向上直织。注意,后背织至12厘米时,将后背中间的20针麻花针改为阿尔巴尼亚罗纹针。

3. 距后脖16厘米时减袖窿:①平收腋正中12针,②隔1行减1针减3次。后片距后脖3厘米时,平收正中20针,只织两侧的16针。前后肩头缝合后,从后脖、左右领口挑出128针往返织12厘米拧针双罗纹后,将两领片的侧边分别与领口平收针处缝合。

4. 袖口用6号针起35针,环形织5厘米阿尔巴尼亚罗纹针后,按排花环形向上织,同时在袖腋处隔9行加1次针,每次加2针,共加6次。总长至34厘米后减袖山:①平收腋正中6针,②隔1行减1针减12次。余针平收,与正身整齐缝合。

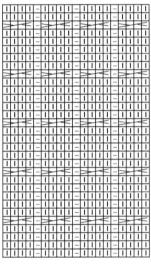

麻花针

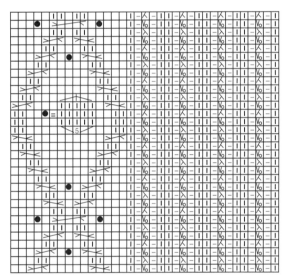

海棠菱形针加阿尔巴尼亚罗纹针

拧针双罗纹

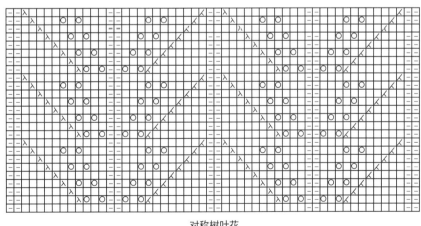

对称树叶花

织领片时,只在左右和后脖挑针,前领口收针处不挑;完成领片后,将领的两个侧面与平收针处缝合。

搭领卫衣

21

材　料：278规格纯毛粗线
工　具：6号针
用　量：400克
尺　寸：衣长41厘米、袖长46厘米、胸围62厘米、肩宽25厘米
平均密度：边长10厘米方块 ＝ 20针×24行

编织说明：

　　从下摆起针后环形向上织，统一加针后按排花织正身，先减领口后减袖窿，前后肩头缝合后挑织领片；袖口起针后环形向上织，同时在袖腋处规律加针至腋下，减袖山后余针平收，与正身整齐缝合。

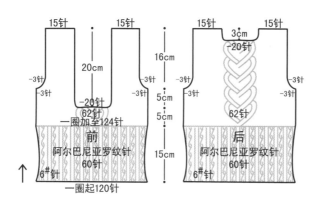

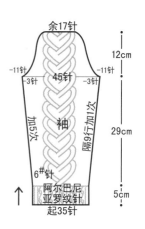

正身排花：

18	2	20	2	18	
星	反	心	反	星	
星	针	形	针	星	
2	针	花		针	2
反		纹			反
针	18	2	20	2	18	针
	星	反	心	反	星	
	星	针	形	针	星	
	针		花		针	
			纹			

袖子排花：

1	20	1
反	心	反
针	形	针
	花	
	纹	
	13	
	正针	

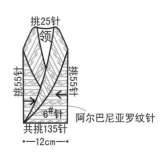

编织步骤:

1. 用6号针起120针, 环形织15厘米阿尔巴尼亚罗纹针。

2. 统一加至124针按排花向上织, 总长至20厘米时减领口: ①平收领正中20针, ②余针向上直织。

3. 距后脖16厘米时减袖窿: ①平收腋正中6针, ②隔1行减1针减3次。后片距后脖3厘米时, 平收正中20针, 余针向上直织。前后肩头缝合后, 从左右领边和后脖共挑出135针后往

返织阿尔巴尼亚罗纹针, 至12厘米时收平收形成领边, 并将领边的侧面与平收针处缝合。

4. 袖口用6号针起35针, 环形织5厘米阿尔巴尼亚罗纹针后按排花织, 同时在袖腋处隔9行加1次针, 每次加2针, 共加5次。总长至34厘米时减袖山: ①平收腋正中6针, ②隔1行减1针减11次。余针平收, 与正身整齐缝合。

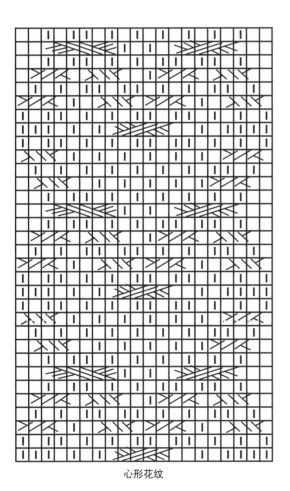

心形花纹

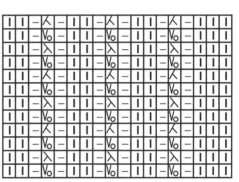

阿尔巴尼亚罗纹针

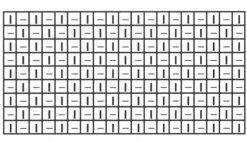

星星针

温馨提示

领边的侧面与平收针处缝合时注意整齐。

竖袖大领上衣

材　料:	273规格纯毛粗线
工　具:	6号针　6号环形针
用　量:	550克
尺　寸:	衣长51厘米、袖长32厘米（腋下至袖口）、胸围64厘米
平均密度:	边长10厘米方块 = 21针×24行

编织说明:

　　从下摆起针环形向上织，统一减针后按排花织正身，至腋下后，按英式插肩毛衣织法减袖窿，前后片相同；另线起针织袖子，并在袖腋处规律加针至腋下，同样按英式插肩毛衣织法减袖山，两袖与正身缝合后，将前后片和两袖山余针穿起，环形向上织领子。

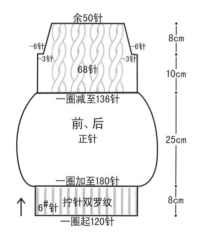

余50针

-6针　　-6针
-3针　　-3针

68针

一圈减至136针

前、后
正针

一圈加至180针

6#针　拧针双罗纹
一圈起120针

8cm

10cm

25cm

8cm

整体排花:

	10	4	10	2	10	4	10	
	麻花针	反针	麻花针	反针	麻花针	反针	麻花针	
18反针	10	4	10	2	10	4	10	18反针
	麻花针	反针	麻花针	反针	麻花针	反针	麻花针	

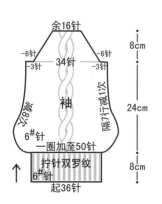

余16针

-6针　　-6针
-3针　　-3针
34针

袖
正针

隔7行减1次

一圈加至50针
拧针双罗纹
6#针
起36针

8cm

24cm

8cm

袖子排花:

1	10	1
反针	麻花针	反针
	38	
	正针	

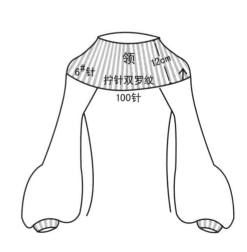

领
6#针　拧针双罗纹
100针

12cm

编织步骤:

1. 用6号针起120针, 环形织8厘米拧针双罗纹。

2. 统一加至180针后环形织25厘米正针, 统一减至136针后按排花织10厘米并减袖窿: ①平收腋正中6针, ②隔1行减1针减6次。前后片相同, 领口不减针。

3. 袖口用6号针起36针, 环形织8厘米拧针双罗纹后, 统一加至50针按排花环形向上织, 同时在袖腋处隔7行减1次针, 共减8次。总长至32厘米时减袖山: ①平收腋正中6针, ②隔1行减1针减6次。

4. 将两袖和正身按英式插肩毛衣方法缝合后, 用环形针将前后片和两袖山处余针穿起, 一圈统一减至100针, 用6号针环形织12厘米拧针双罗纹后收机械边。

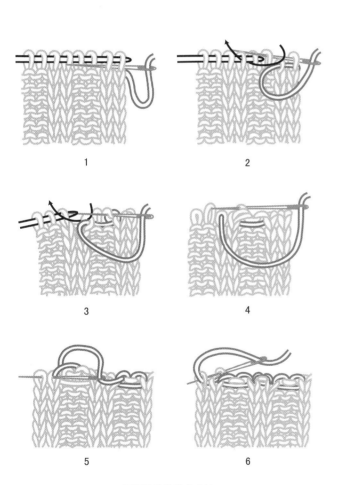

1   2

3   4

5   6

双罗纹收针缝合方法

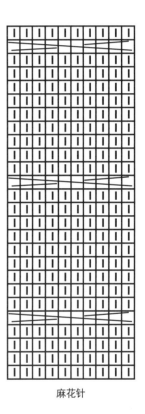

麻花针

拧针双罗纹

领边完成后收针不必过紧, 以防止领子过于松懈。

24 T恤领上衣

材　料： 273规格纯毛粗线

工　具： 6号针　8号针

用　量： 400克

尺　寸： 衣长43厘米、袖长44厘米、胸围70厘米、肩宽30厘米

平均密度： 边长10厘米方块 = 21针×24行

编织说明：

　　从下摆起针后按排花环形向上织，减领底与减袖窿同时进行，减领口后，前后肩头缝合后挑织领子；袖口起针后环形按排花向上织，减袖山后余针平收，与正身整齐缝合。

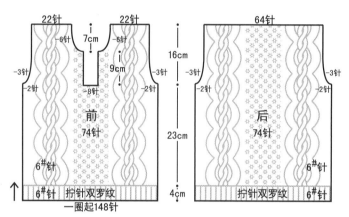

正身排花：

20	1	20	1	20	
心	反	菠	反	心	
形	针	萝	针	形	
12 花		针		花	12
反 纹				纹	反
针 20	1	20	1	20	针
心	反	菠	反	心	
形	针	萝	针	形	
花		针		花	
纹				纹	

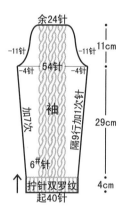

袖子排花：

8	1	8	1	8
麻	反	麻	反	麻
花	针	花	针	花
针		针		针

14
正针

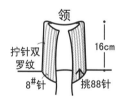

领

拧针双罗纹

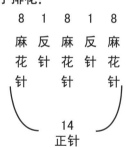

拧针双罗纹

内折效果：

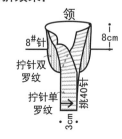

编织步骤:

1. 用6号针起148针,环形织4厘米拧针双罗纹。

2. 不加减针按正身排花环形向上织23厘米后减前领底:①平收领正中8针,②余针向上直织9厘米。

3. 总长至27厘米时减袖隆:①平收腋正中4针,②隔1行减1针减3次。

4. 距后脖7厘米时减领口:①分别在左右前领平收3针,②隔1行减2针减1次,③隔1行减1针减1次。前后肩头缝合后,从领口处用8号针挑出88针往返织16厘米拧针双罗纹后,内折与

挑领口位置松缝合形成双层领。用8号针从左右领底分别横挑出40针,织3厘米拧针单罗纹后收针,重叠与领底缝合后并缝好纽扣。

5. 袖口用6号针起40针,环形织4厘米拧针双罗纹后,按排花环形向上织,同时在袖腋处隔9行加1次针,每次加2针,共加7次。总长至33厘米时减袖山:①平收腋正中8针,②隔1行减1针减11次。余针平收,与正身整齐缝合。

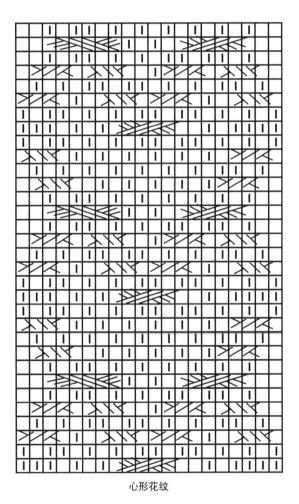

心形花纹

拧针单罗纹

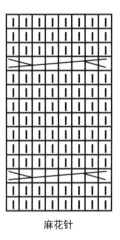

麻花针

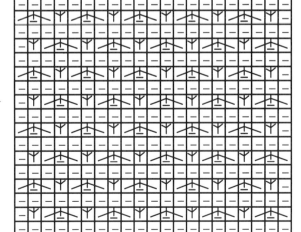

菠萝针

温馨提示

袖正中的三组麻花针同时拧针时注意手法不可过紧,以免影响尺寸。

26

立领上衣

材　料：273规格纯毛粗线

工　具：6号针　8号针

用　量：400克

尺　寸：衣长45厘米、袖长44厘米、胸围60厘米、肩宽20厘米

平均密度：边长10厘米方块 = 21针×24行

编织说明：

　　从下摆起针后环形向上织，先减袖窿后减领口，前后肩头肩缝合后挑针往返织立领；袖口起针后环形向上织，规律加针至腋下，减袖山后余针平收，与正身整齐缝合；最后在肩部袖与正身缝合处挑织肩章带。

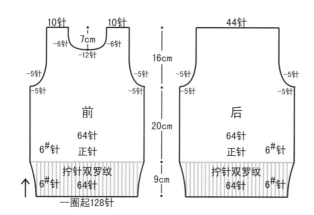

前

10针　　10针
-6针　7cm　-6针
-12针
-5针　16cm　-5针
-5针　　　　-5针
前
64针
正针
6#针　　6#针
20cm
拧针双罗纹
64针
6#针　　9cm　6#针
一圈起128针

后

44针
-5针　　　-5针
-5针　　　-5针
后
64针
正针
6#针
拧针双罗纹
64针
6#针

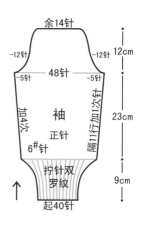

余14针
-12针　　　　-12针　12cm
-5针　48针　-5针
加4次
袖　隔11行加1次针
正针　23cm
6#针
拧针双罗纹
9cm
起40针

肩章：
星星球
球针
6#针　8cm
挑11针

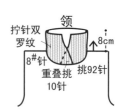

领
拧针双罗纹
8cm
8#针
重叠挑　挑92针
10针

编织步骤:

1. 用6号针起128针,环形织9厘米拧针双罗纹。
2. 不加减针改织正针,向上织20厘米后减袖窿:①平收腋正中10针,②隔1行减1针减5次。
3. 距后脖7厘米时减领口:①平收领正中12针,②隔1行减3针减1次,③隔1行减2针减1次,④隔1行减1针减1次。前后肩头缝合后,用8号针从领口处挑出92针,注意在前领口处的10针重叠挑,按花纹往返织8厘米拧针双罗纹后形成开领。

4. 袖口用6号针起40针,环形织9厘米拧针双罗纹后改织正针,同时在袖腋处隔11行加1次针,每次加2针,共加4次。总长至32厘米时减袖山:①平收腋正中10针,②隔1行减1针减12次。余针平收,与正身整齐缝合。
5. 从袖与正身缝合处用6号针挑出11针,往返织8厘米星星球球针后平收形成肩章带,并与肩头固定。

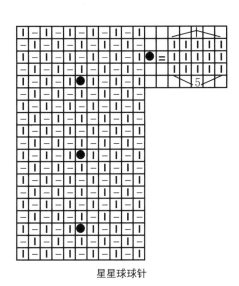

星星球球针

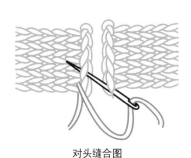

对头缝合图

拧针双罗纹

1

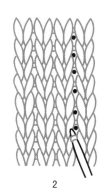

2

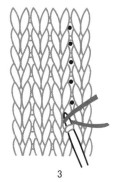

3

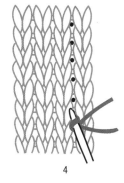

4

挑针织法

领口挑针后要往返织领片,并在前领口起始针处重叠挑10针。

27

翻领公主裙

材　料：273规格纯毛粗线

工　具：6号针

用　量：400克

尺　寸：衣长51厘米、袖长43厘米、胸围63厘米、肩宽29厘米

平均密度：边长10厘米方块= 19针×24行

编织说明：

　　从下摆起针后环形向上织，统一减针形成束腰效果，完成正身后减袖窿和领口，前后肩头缝合并挑织翻领；袖口起针后环形向上织，同时在袖腋处规律加针至腋下，减袖山后余针平收，与正身整齐缝合。

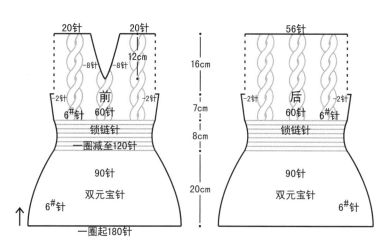

前片：20针　20针　-8针　-8针　12cm　-2针　前 60针　-2针　6#针　锁链针　一圈减至120针　90针　双元宝针　6#针　一圈起180针

尺寸：16cm　7cm　8cm　20cm

后片：56针　-2针　后 60针　-2针　6#针　锁链针　90针　双元宝针　6#针

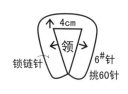

领：4cm　锁链针　6#针　挑60针

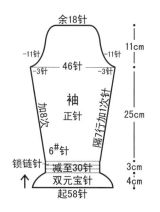

袖：余18针　-11针　-11针　46针　-3针　-3针　11cm　袖 正针　加8次　隔7行加11次针　25cm　6#针　锁链针　减至30针　双元宝针　起58针　3cm　4cm

正身排花：

1	6	1	14	1	6	1	14	1	6	1
反针	麻花球球针	反针	桂花针	反针	麻花球球针	反针	桂花针	反针	麻花球球针	反针

8桂花针

1	6	1	14	1	6	1	14	1	6	1
反针	麻花球球针	反针	桂花针	反针	麻花球球针	反针	桂花针	反针	麻花球球针	反针

8桂花针

编织步骤:

1. 用6号针起180针, 环形织20厘米双元宝针。

2. 统一减至120针改织8厘米锁链针。

3. 按排花改织7厘米正身后减袖窿: ①平收腋正中4针, ②余针向上直织。

4. 距后脖12厘米时减领口: ①将前片从正中左右均分, 每片隔1行减1针减3次, ②隔3行减1针减5次。前后肩头缝合后, 从

领口处挑出60针往返织4厘米锁链针后收平边形成翻领。

5. 袖口用6号针起58针, 环形织4厘米双元宝针后统一减至30针, 环形织3厘米锁链针并改织正针, 同时在袖腋处隔7行加1次针, 每次加2针, 共加8次。总长至32厘米后减袖山: ①平收腋正中6针, ②隔1行减1针减11次。余针平收, 与正身整齐缝合。

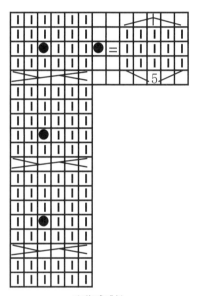

麻花球球针

桂花针

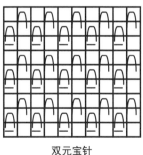

双元宝针

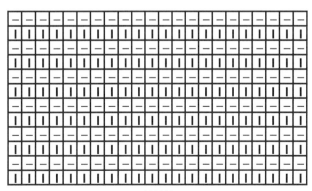

锁链针

锁链针弹性大, 编织时可有意拉紧线, 用手法控制密度。

29

公主式开衫

材　　料: 273规格纯毛粗线

工　　具: 6号针　8号针

用　　量: 450克

尺　　寸: 衣长52厘米、袖长45厘米、胸围64厘米、肩宽22厘米

平均密度: 边长10厘米方块 = 19针×24行

编织说明:

　　从下摆起针后整片向上织,至相应长度后,在两肋减针形成收腰效果;统一改织星星针向上织相应长后减袖窿,领口后减针,前后肩头缝合并挑织。

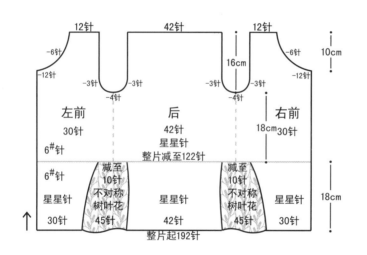

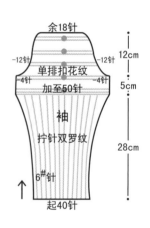

正身排花:

30	45	42	45	30
星星针	不对称树叶花	星星针	不对称树叶花	星星针

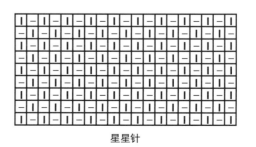

星星针

编织步骤:

1. 用6号针起192针,按排花往返向上织。

2. 至18厘米时,将两侧的不对称树叶花统一减至10针后,整片共122针向上织18厘米星星针后减袖窿:①平收腋正中4针,②隔1行减1针减3次。

3. 距后脖10厘米时减领口:①平收领一侧12针,②隔1行减3针减1次,③隔1行减2针减1次,④隔1行减1针减1次。前后肩

头缝合后,从领口处挑出120针用8号针往返织5厘米拧针双罗纹后,改织4厘米锁链针并收平边形成翻领。

4. 袖口用6号针起40针,环形织28厘米拧针双罗纹后,统一加至50针再织5厘米单排扣花纹后减袖山:①平收腋正中8针,②隔1行减1针减12次。余针平收,与正身整齐缝合。

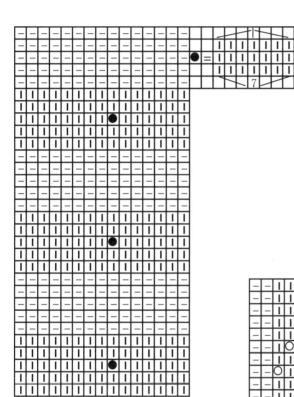

单排扣花纹

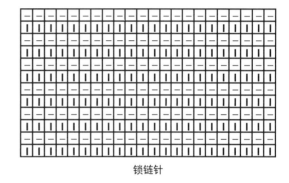

锁链针

拧针双罗纹

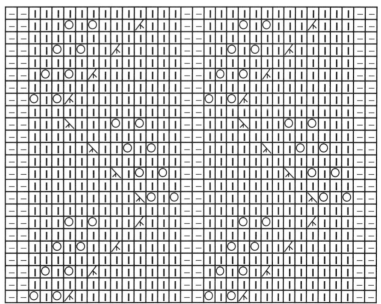

不对称树叶花

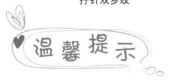

温馨提示

下摆完成后,只在两肋统一减针,将原有的39针不对称树叶花减至10针正身一样的星星针。

30

直袖开衫

材　　料：273规格纯毛粗线

工　　具：6号针

用　　量：400克

尺　　寸：衣长40厘米、袖长43厘米、胸围73厘米、肩宽36厘米

平均密度：边长10厘米方块= 19针×24行

编织说明：

　　从下摆起针后整片向上织，分前后片织的同时减领口，门襟不缝合，依然向上织至后脖正中缝合形成领子；袖口起针后直织至腋下，减袖山后余针平收，与正身整齐缝合。

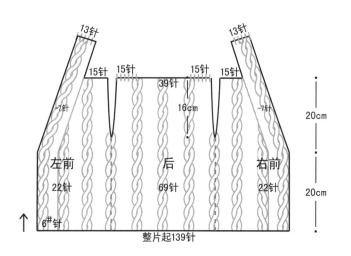

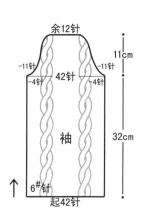

整体排花：

6	1	6	1	6	1	6	1	……	1	6	1	6	1	6	1	6
麻花针	反针	正针	反针	麻花针	反针	正针	反针		反针	正针	反针	麻花针	反针	正针	反针	麻花针

编织步骤:

1. 用6号针起139针, 按排花往返向上织。

2. 整片总长至20厘米后从腋下分前后片织, 不必减针。

3. 分片织的同时减领口: ①取边沿13针做为门襟, 在门襟的一侧隔1行减1针减5次, ②隔3行减1针减2次, 前后肩各取15针缝合后, 门襟的13针不缝, 依然向上织, 至后脖正中时对头

缝合形成领边。

4. 袖口用6号针起42针, 环形织正身一样的花纹, 不加减针至32厘米时减袖山: ①平收腋正中8针, ②隔1行减1针减11次。余针平收, 与正身整齐缝合。

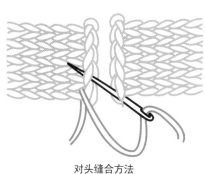

对头缝合方法

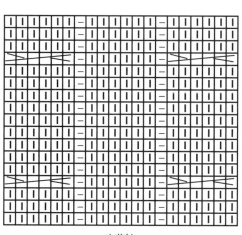

麻花针

"文"字扣系线方法

温馨提示

正身织到腋下时不减袖窿, 只在衣片处另系两根线分三片织, 后背一大片, 左右各一小片。

33

大麻花开衫

材　　料: 278规格纯毛粗线

工　　具: 6号针

用　　量: 450克

尺　　寸: 以实物为准

平均密度: 边长10厘米方块 =21针×24行

编织说明:

　　按排花织一条长围巾待用,然后织后片,按相同字母将长围巾和后片缝合,形成的开口为袖窿口,从此处环形挑针向下织袖子。

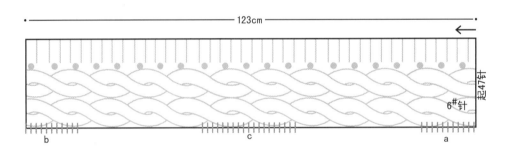

围巾排花:

16	1	16	1	13
麻花针	反针	麻花针	反针	宽锁链球球针

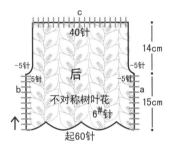

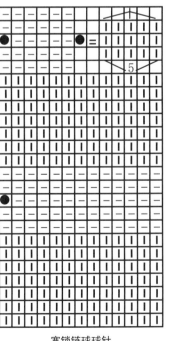

宽锁链球球针

编织步骤:

1. 用6号针起47针, 按排花往返向上织123厘米形成长围巾。

2. 后片用6号针起60针, 往返织15厘米不对称树叶花后减袖窿: ①平收一侧5针, ②隔1行减1针减5次, 总长至29厘米时松收平边。

3. 按图中相同字母将后片与长围巾缝合, 留出的开口是袖窿口。

4. 用6号针从袖窿口处环形挑出40针后织正针, 至35厘米时收平边形成袖子。

麻花针

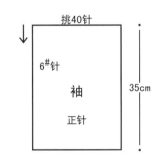

挑40针

6#针

袖

正针

35cm

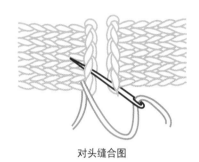

对头缝合图

不对称树叶花

织袖子时, 要从袖窿口挑出所有针目, 第二行时再统一减至40针后向下环形织, 以保持腋部有足够的弹性。

假双排扣上衣

材　料: 273规格纯毛粗线

工　具: 6号针

用　量: 450克

尺　寸: 衣长42厘米、袖长34厘米（腋下至袖口）、胸围70厘米、肩宽34厘米

平均密度: 边长10厘米方块 = 19针×24行

编织说明:

　　从下摆起针后向上环形织，先从腋下分前后片织，然后减领口，肩头缝合后，挑织袖子，领子不做处理。

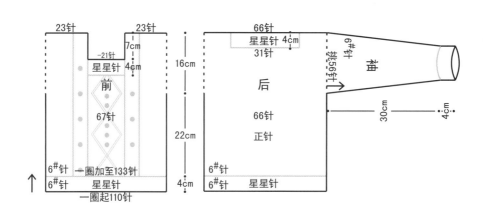

正身排花:

袖子排花:

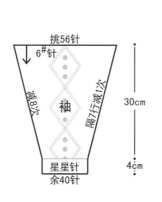

编织步骤:

1. 用6号针起110针,环形织4厘米星星针。

2. 统一加至133针按排花环形织22厘米后分前、后片织。

3. 距后脖11厘米时,前片领口正中21针改织4厘米星星针后紧收平边,两侧余针向上直织7厘米后完成前片。

4. 后片分针后向上织12厘米时,取后片正中31针改织4厘米

星星针后收针。

5. 前后肩头缝合后,从袖窿口挑出56针按排花环形向下织袖子,同时在袖腋处隔7行减1次针,每次减2针,共减8次。总长至30厘米时改织4厘米星星针形成袖口。

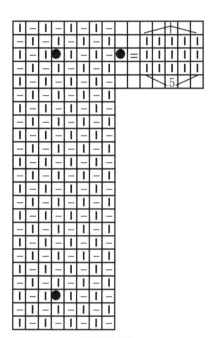

星星球球针

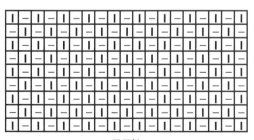

星星针

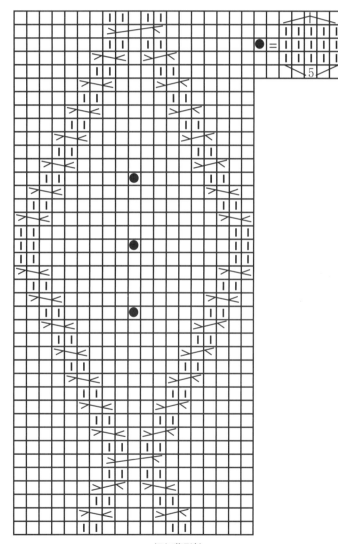

纽扣菱形针

温馨提示

从袖窿口挑针时,首先挑出所有针目,第二行时再减至56针后向下织袖子。

韩版裙式上衣

材　　料：273规格纯毛粗线

工　　具：6号针

用　　量：400克

尺　　寸：衣长44厘米、袖长43厘米、胸围61厘米、肩宽25厘米

平均密度：边长10厘米方块 ＝ 19针×24行

编织说明：

　　从下摆起少量针后，统一加针形成灯笼裙摆效果，统一减针后织正身，先减袖窿后减领口，前后肩头缝合后挑织高领；袖口起针后按花纹环形向上织，不在袖腋处加针，至腋下后直接减袖山，余针平收，与正身整齐缝合。

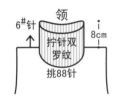

领

6#针

拧针双罗纹

8cm

挑88针

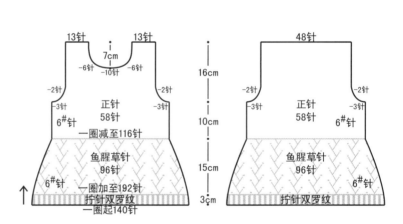

13针　13针

7cm

−6针　−10针　−6针

−2针　　　　　−2针

−3针　正针　−3针

6#针　58针

一圈减至116针

鱼腥草针

96针

一圈加至192针

拧针双罗纹

一圈起140针

48针

−2针　　　　−2针

−3针　正针　−3针

58针　6#针

鱼腥草针

96针

6#针

拧针双罗纹

16cm

10cm

15cm

3cm

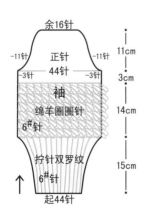

余16针

−11针　正针　−11针

−3针　44针　−3针

袖

绵羊圈圈针

6#针

拧针双罗纹

6#针

起44针

11cm

3cm

14cm

15cm

拧针双罗纹

编织步骤：

1. 用6号针起140针，环形织3厘米拧针双罗纹。

2. 统一加至192针织15厘米鱼腥草针后，再统一减至116针，改织10厘米正针后减袖窿：①平收腋正中6针，②隔1行减1针减2次。

3. 距后脖7厘米时减领口：①平收领正中10针，②隔1行减3针减1次，③隔1行减2针减1次，④隔1行减1针减1次。前后肩头

缝合后，从领口处挑88针，环形织8厘米拧针双罗纹后收机械边形成高领。

4. 袖口用6号针起44针，环形织15厘米拧针双罗纹针，改织14厘米绵羊圈圈针后，再改织3厘米正针并减袖山：①平收腋正中6针，②隔1行减1针减11次。余针平收，与正身整齐缝合。

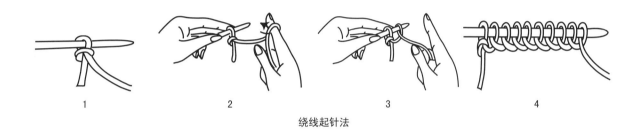

1　2　3　4

绕线起针法

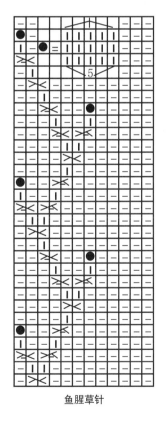

鱼腥草针

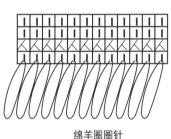

4行
3行
2行
1行

绵羊圈圈针

第一行：右食指绕双线织正针，然后把线套绕到正面，按此方法织第2针。

第二行：由于是双线所以2针并1针织正针。

第三、四行：织正针，并拉紧线套。

第五行以后重复第一到第四行。

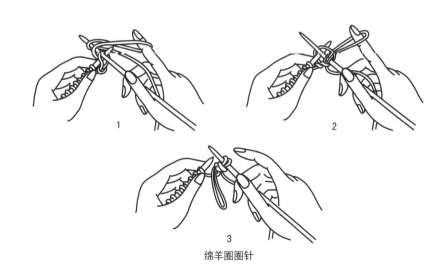

1　2

3

绵羊圈圈针

底边绕线起针后直接向上织，弹性更优于双机械边。

小锁铛开衫

材　　料：273规格纯毛粗线

工　　具：6号针

用　　量：450克

尺　　寸：衣长50厘米、袖长45厘米、胸围65厘米、肩宽23厘米

平均密度：边长10厘米方块 = 19针×24行

编织说明：

　　从下摆起针后整片向上织，两肋统一减针后向上直织，先减袖窿后减领口，前后肩头缝合后挑织翻领；袖口起针后环形向上织，同时在袖腋处规律加针至腋下，减袖山后余针平收，与正身整齐缝合。

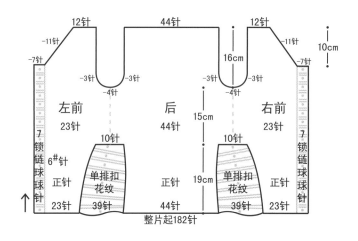

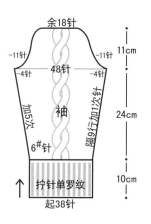

正身排花：

7	23	39	44	39	23	7
锁链球球针	正针	单排扣花纹	正针	单排扣花纹	正针	锁链球球针

领子排花：

7	111	7
锁链球球针	拧针单罗纹	锁链球球针

袖子排花：

1	8	1
反针	麻花针	反针
	针	
	28	
	正针	

编织步骤:

1. 用6号针起182针，按排花往返向上织。

2. 至19厘米时，将两肋39针单排扣花纹减至10针并改织正针，整片共124针向上织15厘米后减袖窿：①平收腋正中4针，②隔1行减1针减3次。

3. 距后脖10厘米时减领口：①平收领一侧7针，②隔1行减1针减11次。前后肩头缝合后，从领口处挑出125针按排花往返织

6厘米后收平边形成翻领。

4. 袖口用6号针起38针，环形织10厘米拧针单罗纹针后，按排花环形向上织，同时在袖腋处隔9行加1次针，每次加2针，共加5次。总长至34厘米后减袖山：①平收腋正中8针，②隔1行减1针减11次。余针平收，与正身整齐缝合。

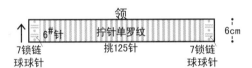

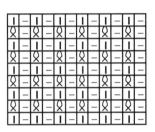

拧针单罗纹

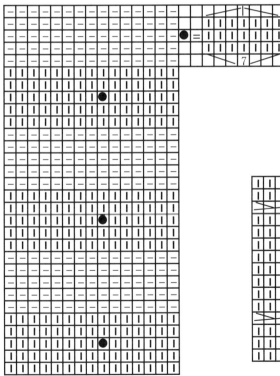

单排扣花纹

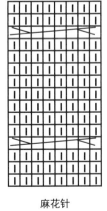

麻花针

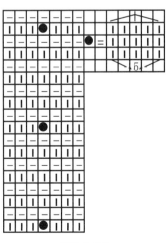

锁链球球针

门襟处的小球球可做为纽扣使用。

方领女爵衣

材　料： 273规格纯毛粗线

工　具： 6号针　8号针

用　量： 350克

尺　寸： 衣长42厘米、袖长43厘米、胸围59厘米、肩宽21厘米

平均密度： 边长10厘米方块 = 21针×24行

编织说明：

　　从下摆起针后环形向上织，先减袖窿后减领口，前后肩头缝合后挑织方领；袖口起针环形向上织，统一加针后形成泡泡袖效果，减袖山后余针平收，与正身整齐缝合。

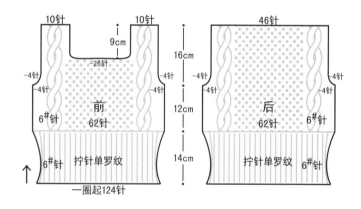

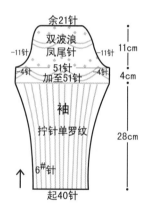

正身排花：

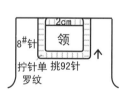

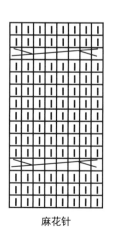

麻花针

编织步骤:

1. 用6号针起124针，环形织14厘米拧针单罗纹。

2. 不加减针按排花织12厘米后减袖窿：①平收腋正中8针，②隔1行减1针减4次。

3. 距后脖9厘米时减领口：①平收领正中26针，②余针向上直织。前后肩头缝合后，从领口处环形挑出92针用8号针织2厘米拧针单罗纹后收机械边。

4. 袖口用6号针起40针环形织28厘米拧针单罗纹后，统一加至51针后织4厘米双波浪凤尾针后减袖山：①平收腋正中8针，②隔1行减1针减11次。余针平收后，与正身整齐缝合。

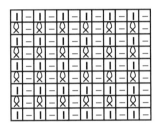

拧针单罗纹

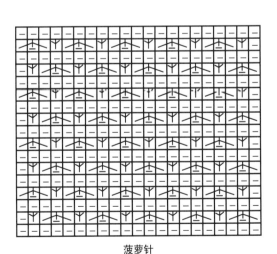

菠萝针

双波浪凤尾针

温馨提示

正身按排花向上环形织，两侧的16正针为左右腋部。

39

圣诞印象开衫

材　　料：273规格纯毛粗线

工　　具：6号针

用　　量：550克

尺　　寸：衣长42厘米、袖长43厘米、胸围69厘米、肩宽27厘米

平均密度：边长10厘米方块 = 19针×24行

编织说明：

　　从下摆起针后按花纹整片向上织，减袖窿后织前后肩的四组麻花针，领口减针后缝合前后肩头，挑织领片并内折缝合形成双层领；袖口起针后环形向上织，同时在袖腋处规律加针至腋下，减袖山后余针平收，与正身整齐缝合。

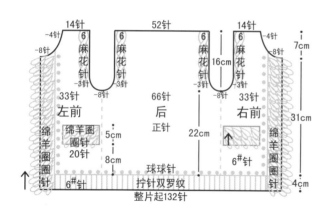

14针　　52针　　14针

-4针　　　　　　　　-4针
-8针　　　　　　　　-8针

6 麻花针　6 麻花针　6 麻花针　6 麻花针

-3针　-3针　　　-3针　-3针
-8针　　　　　　-8针

33针　　66针　　33针

16cm　7cm

左前　　后　　右前

正针　　31cm

绵羊圈圈针

绵羊圈圈针 20针　　5cm　　22cm　　6#针

绵羊圈圈针

球球针　　8cm

6#针　　拧针双罗纹　　4cm

整片起132针

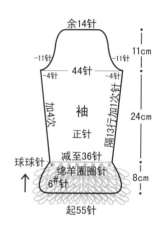

余14针

-11针　　　　-11针　11cm

-4针　44针　-4针

加4次　　袖　正针　隔13行加1次针　24cm

球球针　　减至36针

绵羊圈圈针
6#针　8cm

起55针

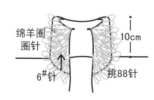

绵羊圈圈针

6#针　　挑88针　　10cm

正身排花：

8	1	1	112	1	1	8
绵羊圈圈针	反针	球球针	正针	球球针	反针	绵羊圈圈针

内折效果：

5cm

编织步骤：

1. 用6号针起132针往返织，左右各8针织绵羊圈圈针，中间116针织拧针双罗纹，至4厘米时，改织1行球球针后再按排花织正身。

2. 总长至12厘米时，取左右前片各20针改织5厘米绵羊圈圈针形成假口袋效果。

3. 总长至26厘米时减袖窿：①平收腋正中8针，②隔1行减1针减3次。减完袖窿后，前后片肩袖交界处改织1组6针麻花针隔1反针，服装共4组麻花针。

4. 距后脖7厘米时减领口：①平收领一侧8针，②隔1行减2针减1次，③隔1行减1针减2次。余针向上直织，前后肩头缝合后，从领口处挑88针，用6号针往返织10厘米绵羊圈圈针后松收针，并将领片内折，与挑领口处缝合。

5. 袖口用6号针起55针，环形织8厘米绵羊圈圈针和球球针后，统一减至36针后改织正针，同时在袖腋处隔13行加1次针，每次加2针，共加4次。总长至32厘米时减袖山：①平收腋正中8针，②隔1行减1针减11次。余针平收，与正身整齐缝合。

球球针

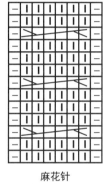

麻花针

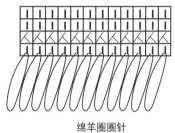

4行
3行
2行
1行

绵羊圈圈针

第一行：右食指绕双线织正针，然后把线套绕到正面，按此方法织第2针。
第二行：由于是双线所以2针并1针织正针。
第三、四行：织正针，并拉紧线套。
第五行以后重复第一到第四行。

拧针双罗纹

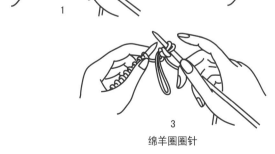

1   2

3

绵羊圈圈针

假口袋的绵羊圈圈针比门襟处短1厘米。

42 茜茜公主开衫

材 料:	273规格纯毛粗线
工 具:	6号针
用 量:	450克
尺 寸:	衣长49厘米、袖长43厘米、胸围65厘米、肩宽23厘米
平均密度:	边长10厘米方块 = 19针×24行

编织说明:

　　从下摆起针后按排花整片向上织,在两肋统一减针后形成收腰效果后整片向上直织,先减袖窿后减领口,前后肩头缝合后挑织翻领;袖口起针后环形向上织,同时在袖腋处规律加针至腋下,减袖山后余针平收,与正身整齐缝合。

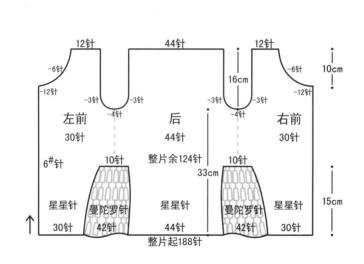

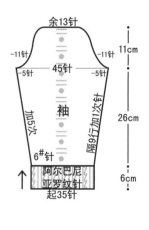

袖子排花:

```
    7
  锁
  链
  球
  球
  针
   28
  正针
```

星星针

编织步骤:

1. 用6号针起188针,按排花往返向上织。

2. 至15厘米时,两肋42针曼陀罗针减至10针改织星星针,整片共124针向上织18厘米后减袖窿:①平收腋正中4针,②隔1行减1针减3次。

3. 距后脖10厘米时减领口:①平收领一侧12针,②隔1行减3针减1次,③隔1行减2针减1次,④隔1行减1针减1次。前后肩头缝合后,从领口处挑出125针,往返织6厘米阿尔巴尼亚罗纹针后收平边形成翻领。

4. 袖口用6号针起35针,环形织6厘米阿尔巴尼亚罗纹针后,按排花环形向上织,同时在袖腋处隔9行加1次针,每次加2针,共加5次。总长至32厘米后减袖山:①平收腋正中10针,②隔1行减1针减11次。余针平收,与正身整齐缝合。

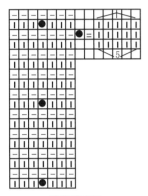

锁链球球针

正身排花:

30	42	44	42	30
星	曼	星	曼	星
星	陀	星	陀	星
针	罗	针	罗	针
	针		针	

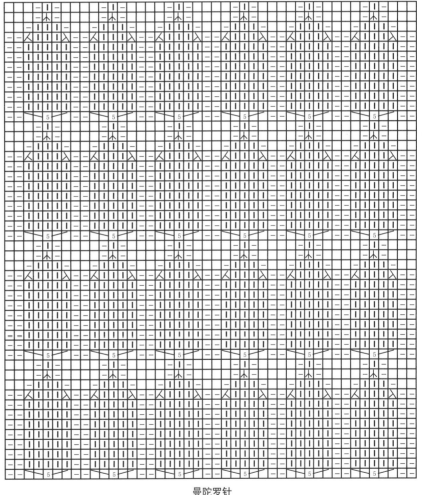

曼陀罗针

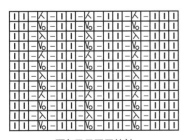

阿尔巴尼亚罗纹针

温馨提示

前后肩头缝合后从领口处挑织翻领,注意花纹在内。

方领豆豆上衣

材　料: 273规格纯毛粗线

工　具: 6号针　8号针

用　量: 350克

尺　寸: 衣长45厘米、袖长42厘米、胸围66厘米、肩宽27厘米

平均密度: 边长10厘米方块 = 21针×24行

编织说明:

　　从下摆起针后环形向上织，先减袖窿后减领口，前后肩头缝合后挑织方领；袖口起针后环形向上织，同时在袖腋处规律加针至腋下，减袖山后余针平收，与正身缝合。

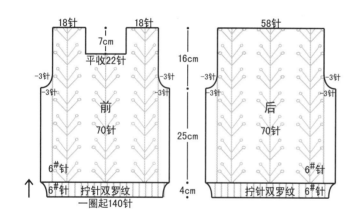

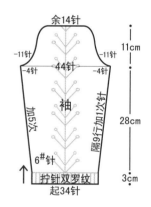

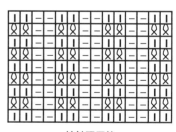

正身排花:

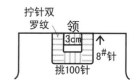

编织步骤:

1. 用6号针起140针，环形织4厘米拧针双罗纹。
2. 按排花环形织25厘米后减袖窿：①平收腋正中6针，②隔1行减1针减3次。
3. 距后脖7厘米时减领口：①平收领正中22针，②余针向上直织。前后肩头缝合后，从领口处用8号针挑100针，环形织3厘米拧针双罗纹后收机械边形成方领。
4. 袖口用6号针起34针，环形织3厘米拧针双罗纹后按排花环形向上织，同时在袖腋处隔9行加1次针，每次加2针，共加5次。总长至31厘米时减袖山：①平收腋正中8针，②隔1行减1针减11次。余针平收，与正身整齐缝合。

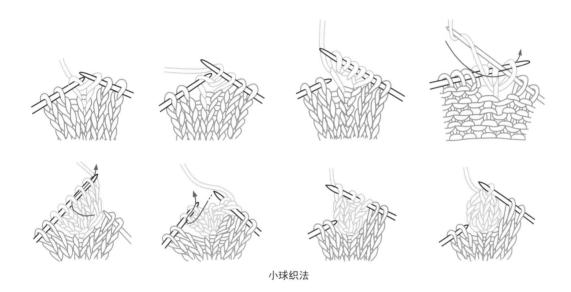

小球织法

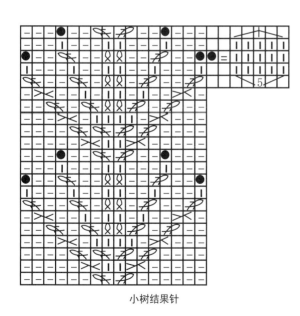

小树结果针

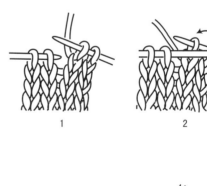

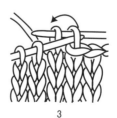

1

2

3

4

收平边

温馨提示

小球球收针时拉紧线，球球立体而圆润。

小魔女制服

材	料：273规格纯毛粗线
工	具：6号针 8号针
用	量：400克
尺	寸：衣长44厘米、袖长43厘米、胸围63厘米、肩宽23厘米

平均密度：边长10厘米方块 = 19针×24行

编织说明：

　　从下摆起针后按花纹环形向上织，先减袖窿后减领口，前后肩头缝合后挑织高领；袖口起针后环形向上织。

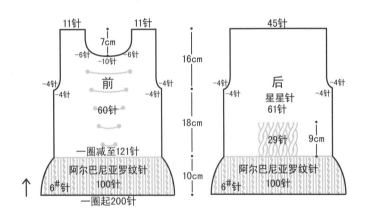

前

11针　　11针
7cm
-6针 -10针 -6针
16cm
-4针　　　　-4针
前
60针
18cm
-4针　　　　-4针
一圈减至121针
阿尔巴尼亚罗纹针
100针
10cm
6#针
一圈起200针

后

45针
-4针　　　　-4针
后
星星针
61针
29针
9cm
阿尔巴尼亚罗纹针
100针
6#针

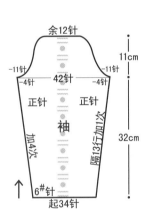

袖

余12针
11cm
-11针　　　　-11针
-4针 42针 -4针
正针　　正针
袖
加4次 隔13行加1次
32cm
6#针
起34针

正身排花：

前正中
1　10　1
反针　双排扣花纹　反针

40 1 6 1 6 1 6 1 6 1 40
星星针 反针 麻花针 反针 麻花针 反针 麻花针 反针 麻花针 反针 星星针

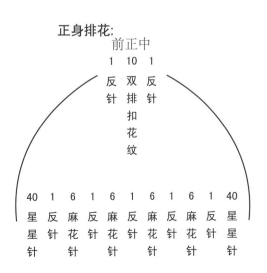

锁链球球针

袖子排花：

9
锁链球球针
25
正针

领
10cm
拧针双罗纹
8#针
重叠挑10针
挑98针

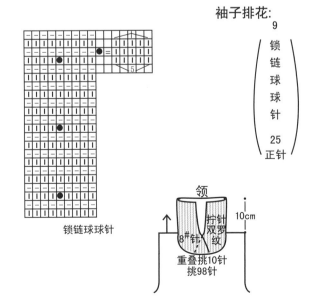

编织步骤:

1. 用6号针起200针,环形织10厘米阿尔巴尼亚罗纹针。

2. 统一减至121针按排花环形向上织,后背中段的29针改织9厘米麻花针后改织星星针。总长至28厘米后减袖窿:①平收腋正中8针,②隔1行减1针减4次。

3. 距后脖7厘米时减领口:①平收领正中10针,②隔1行减3针减1次,③隔1行减2针减1次,④隔1行减1针减1次。前后肩头

缝合后,从领口处挑98针,前领口正中重叠挑10针,用8号针往返织10厘米拧针双罗纹后形成开领后收机械边。

4. 袖口用6号针起34针,按排花环形向上织,同时在袖腋处隔13行加1次针,每次加2针,共加4次。总长至32厘米时减袖山:①平收腋正中8针,②隔1行减1针减11次。余针平收,与正身整齐缝合。

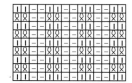

拧针双罗纹

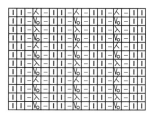

阿尔巴尼亚罗纹针

星星针

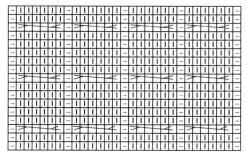

麻花针

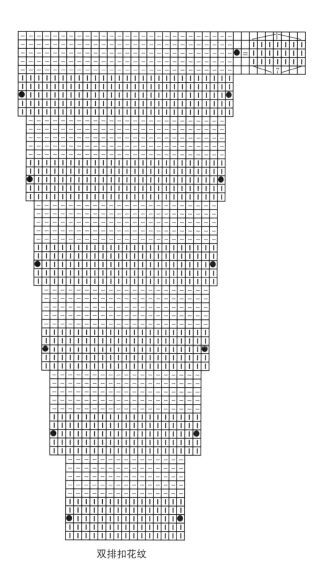

双排扣花纹

温馨提示

领口挑针时,在起始针处重叠挑10针,注意右侧在上。

131

46

花边领小衫

材　料：	273规格纯毛粗线
工　具：	6号针
用　量：	400克
尺　寸：	衣长51厘米、袖长44厘米、胸围61厘米、肩宽24厘米
平均密度：	边长10厘米方块 = 19针×24行

编织说明：

从下摆起针后环形向上织，统一减针后织正身，先减领口后减袖窿，前后肩头缝合后挑织领片；袖口起针后环形向上织，同时在袖腋处规律加针至腋下，减袖山后余针平收，与正身整齐缝合。

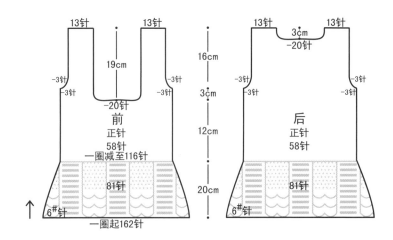

前
正针
58针
一圈减至116针
81针
一圈起162针
6#针
13针　13针
19cm
-3针 -3针
-20针

后
正针
58针
81针
6#针
13针　13针
3cm
-20针
-3针 -3针
16cm
3cm
12cm
20cm

正身排花：

13宽锁链针	14星星方凤尾针	13宽锁链针	14星星方凤尾针	13宽锁链针	
14星星方凤尾针					14星星方凤尾针
13宽锁链针	14星星方凤尾针	13宽锁链针	14星星方凤尾针	13宽锁链针	

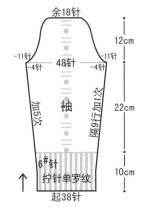

余18针
-11针 -11针
-4针 48针 -4针
袖
加5次
隔9行加1次
6#针
拧针单罗纹
起38针
12cm
22cm
10cm

袖子排花：

7
锁链球球针
31
正针

拧针单罗纹

编织步骤:

1. 用6号针起162针,按排花环形织20厘米。

2. 统一减至116针改织正针,总长至32厘米时减领口:①平收领正中20针,②余针向上直织。

3. 距后脖16厘米时减袖窿:①平收腋正中6针,②隔1行减1针减3次。后片距后脖3厘米时,平收正中20针,余针向上直织,前后肩头缝合后,从左右领边和后脖共挑出128针后往返

织不对称树叶花,至12厘米时收平收形成领边,并将领边的侧面与平收针处缝合。

4. 袖口用6号针起38针,环形织10厘米拧针单罗纹后按排花织,同时在袖腋处隔9行加1次针,每次加2针,共加5次。总长至32厘米时减袖山:①平收腋正中8针,②隔1行减1针减11次。余针平收,与正身整齐缝合。

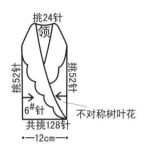

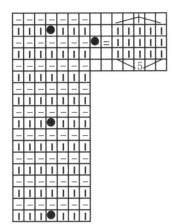

7锁链球球针

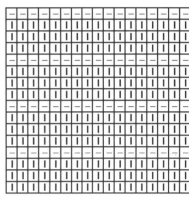

宽锁链针

星星方凤尾针

不对称树叶花

温馨提示

领边的不对称树叶花完成后收平边。

高腰列兵服

材　料：273规格纯毛粗线

工　具：6号针

用　量：400克

尺　寸：衣长41厘米、袖长43厘米、胸围65厘米、肩宽25厘米

平均密度：边长10厘米方块 = 19针×24行

编织说明：

　　从下摆起针后环形向上织，先减袖窿后减领口，前后肩头缝合后挑织领子，袖口起针后环形向上织，同时在袖腋处规律加针至腋下，减袖山后余针平收，与正身整齐缝合。

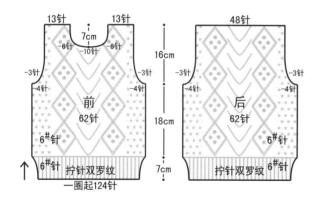

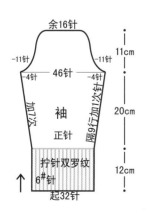

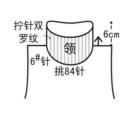

正身排花：

1 反针	15 菱形四季豆针	1 反针	14 ∨形花纹	1 反针	15 菱形四季豆针	1 反针
14 星星针						14 星星针
1 反针	15 菱形四季豆针	1 反针	14 ∨形花纹	1 反针	15 菱形四季豆针	1 反针

编织步骤:

1. 用6号针起124针，环形织7厘米拧针双罗纹。

2. 不加减针按排花织18厘米后减袖窿: ①平收腋正中8针，②隔1行减1针减3次。

3. 距后脖7厘米时减领口: ①平收领正中10针，②隔1行减3针减1次，③隔1行减2针减1次，④隔1行减1针减1次。前后肩头缝合后，从领口处挑84针环形织6厘米拧针双罗纹后收机械边。

4. 袖口用6号针起32针，环形织12厘米拧针双罗纹后改织正针，同时在袖腋处隔9行加1次针，每次加2针，共加7次。总长至32厘米时减袖山: ①平收腋正中8针，②隔1行减1针减11次。余针平收，与正身整齐缝合。

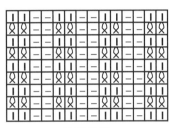

拧针双罗纹

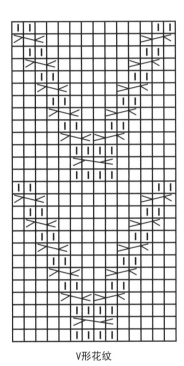

V形花纹

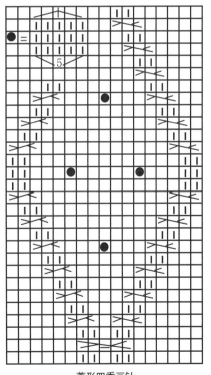

菱形四季豆针

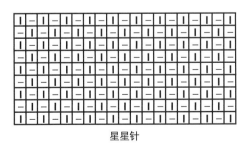

星星针

温馨提示

袖腋处为加针点，隔若干行分别在加针点的两侧加针，使袖子尺寸变大。

49

小公主开衫

材　料：273规格纯毛粗线

工　具：6号针

用　量：450克

尺　寸：衣长46厘米、袖长44厘米、胸围49厘米、肩宽21厘米

平均密度：边长10厘米方块 = 19针×24行

编织说明：

　　起针后整片向上织，至腋下后减袖窿，领口不必减针，前后肩头等高后缝合，余6针继续向上织，至后脖正中对头缝合形成小立领；袖口起针后环形向上织，在袖腋处规律加针至腋下，减袖山后余针平收，与正身整齐缝合。

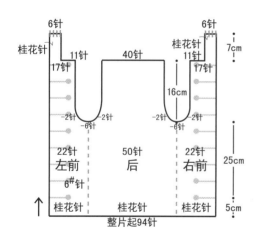

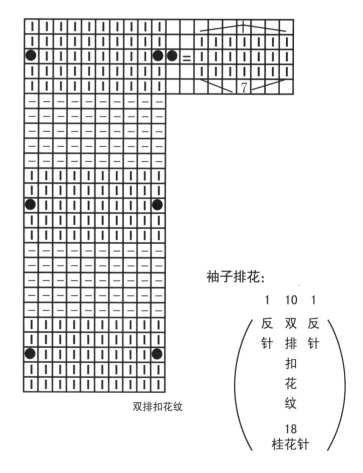

双排扣花纹

正身排花：

14	1	64	1	14
单排扣花纹	反针	桂花针	反针	单排扣花纹

袖子排花：

1	10	1
反针	双排扣花纹	反针

18
桂花针

编织步骤:

1. 用6号针起94针,往返织5厘米桂花针后按整体排花向上织。

2. 总长至30厘米时减袖窿:①平收腋正中6针,②隔1行减1针减2次。

3. 领口不必减针,与后脖等高后,取11针与后片肩头缝合,左右门襟处余6针继续向上织7厘米桂花针后对头缝合形成小立领。

4. 袖口用6号针起30针,按排花环形向上织,同时在袖腋处隔11行加1次针,每次加2针,共加6次。总长至33厘米时减袖山:①平收腋正中8针,②隔1行减1针减11次。余针平收,与正身整齐缝合。

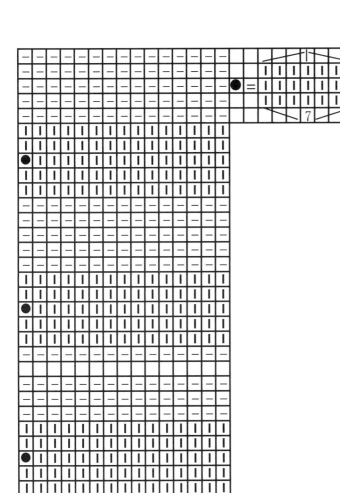

单排扣花纹

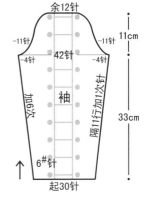

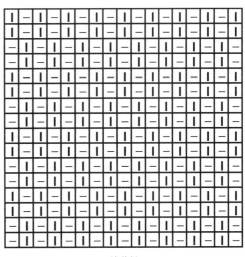

桂花针

服装整片向上织,领口不必减针,前后肩头缝合后门襟依然向上织,并在后脖处对头缝合形成立领。

明星风范小开衫

材　料: 273规格纯毛粗线

工　具: 6号针

用　量: 300克

尺　寸: 衣长41厘米、袖长43厘米、胸围47厘米、肩宽20厘米

平均密度: 边长10厘米方块 = 17针×24行

编织说明:

　　首先起1针，在左右规律加针形成三角形，织两个相同大小的三角形后，在中间平加针合成大片后按花纹向上织，至腋下后减袖隆，左右前片依然向上织，至后脖正中时对头缝合形成领子；袖口起针后环形向上织，统一加针形成泡泡袖效果后减袖山，余针平收，与正身整齐缝合。

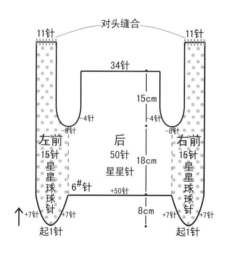

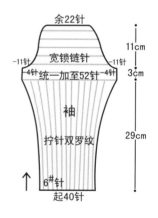

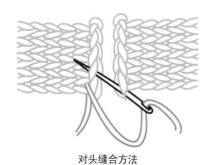

对头缝合方法

拧针双罗纹

编织步骤:

1. 用6号针起1针, 在1针的左右隔1行加1针, 加7次形成三角形, 所加出的针织星星球球针。

2. 织两个同样大小的三角形, 并在两个三角形中间平加50针后织星星针, 整片合成80针向上织。

3. 总长至26厘米时减袖窿: ①平收腋正中8针, ②在后片腋部隔1行减1针减4次, 前腋不减针。

4. 袖窿高15厘米后, 后片收针, 前片左右各11针依然按花纹向上直织, 至后脖正中时对头缝合形成领子。

5. 袖口用6号针起40针, 环形织29厘米拧针双罗纹后, 统一加至52针后改织3厘米宽锁链针并减袖山: ①平收腋正中8针, ②隔1行减1针减11次。余针平收, 与正身整齐缝合。

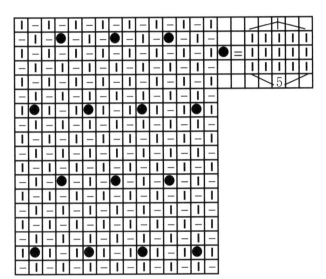

星星球球针

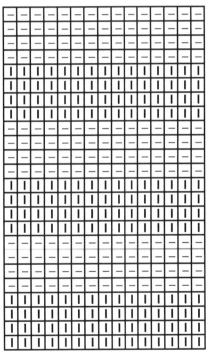

宽锁链针

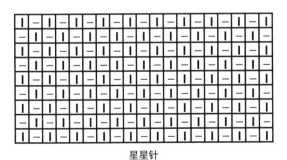

星星针

温馨提示

注意左右门襟的边针挑下不织。

52

肩章小开衫

材　料：273规格纯毛粗线

工　具：6号针

用　量：300克

尺　寸：衣长42厘米、袖长45厘米、胸围47厘米、肩宽22厘米

平均密度：边长10厘米方块 ＝ 18针×24行

编织说明：

　　首先起1针，在左右规律加针形成三角形，织两个相同大小的三角形后，在中间平加针合成大片后按花纹向上织，至腋下后减袖窿，左右前片依然向上织，至后脖正中时对头缝合形成领子；袖口起针后环形向上织，统一加针形成泡泡袖效果后减袖山，余针平收，与正身整齐缝合；最后在肩头缝合迹挑织肩章带。

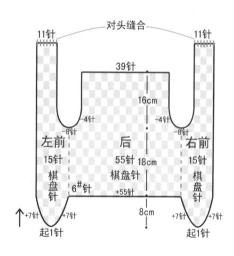

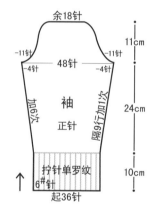

拧针单罗纹

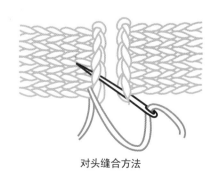

对头缝合方法

编织步骤:

1. 用6号针起1针,在这1针的左右隔1行加1针,加7次形成三角形,加出的针织棋盘针。

2. 织两个同样大小的三角形,并在两个三角形中间平加55针织棋盘针,整片共合成85针向上织。

3. 总长至26厘米时减袖窿:①平收腋正中8针,②在后片腋部隔1行减1针减4次,前腋不减针。

4. 袖窿高16厘米后,后片收针,前片左右各11针依然按花纹

向上直织,至后脖正中时对头缝合形成领子。

5. 袖口用6号针起36针,环形织10厘米拧针单罗纹后改织正针,在袖腋处隔9行加1次针,每次加2针,共加6次。总长至34厘米时减袖山:①平收腋正中8针,②隔1行减1针减11次。余针平收,与正身整齐缝合。

6. 从肩头袖与正身缝合线用6号针挑出9针后往返织锁链球球针,至10厘米时平收,在肩头缝合形成肩章带。

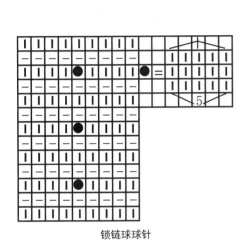

锁链球球针

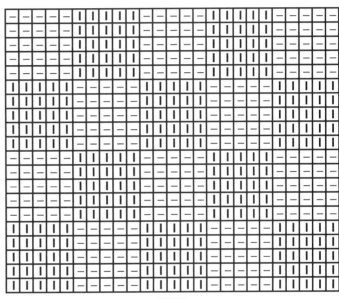

棋盘针

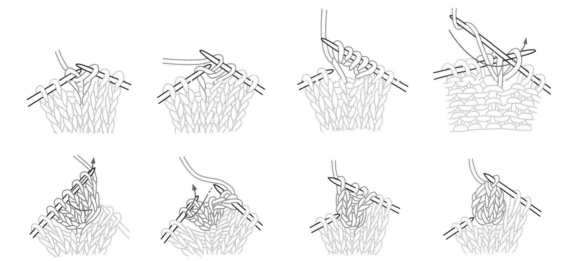

小球球织法

两腋正中减针后,只在后腋减针,前片不动。

54

开领上衣

材 料：	273规格纯毛粗线
工 具：	6号针 8号针
用 量：	400克
尺 寸：	衣长44厘米、袖长44厘米、胸围71厘米、肩宽31厘米
平均密度：	边长10厘米方块 ＝ 21针×24行

编织说明：

　　从下摆起针后按排花环形向上织，减领底与减袖窿同时进行，减领口后，余针向上直织，前后肩头缝合后挑织领子；袖口起针后环形按排花向上织，减袖山后余针平收，与正身整齐缝合。

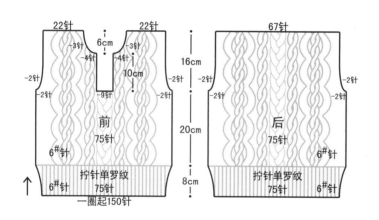
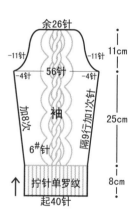

正身排花：

20	1	6	1	9	1	6	1	20
如意花	反针	麻花针	反针	辫子麻花针	反针	麻花针	反针	如意花

10								10
反针								反针

20	1	6	1	9	1	6	1	20
如意花	反针	麻花针	反针	辫子麻花针	反针	麻花针	反针	如意花

袖子排花：

1	20	1
反针	如意花	反针
	18 正针	

编织步骤：

1. 用6号针起150针，环形织8厘米拧针单罗纹。

2. 不加减针，按正身排花环形向上织20厘米后减前领底：①平收领正中9针，②余针向上直织10厘米。

3. 总长至28厘米时减袖窿：①平收腋正中4针，②隔1行减1针减2次。

4. 距后脖6厘米时减领口：①分别在左右前领平收4针，②隔1行减1针减3次。前后肩头缝合后，从领口处用6号针挑出88针，往返织16厘米拧针双罗纹后，内折与挑领口位置松缝合形成双层领。用8号针从左右领底分别横挑出40针，往返织3厘米拧针单罗纹后收针，重叠与领底缝合后并缝好纽扣。

5. 袖口用6号针起40针，环形织8厘米拧针单罗纹后按排花环形向上织，同时在袖腋处隔9行加1次针，每次加2针，共加8次。总长至33厘米时减袖山：①平收腋正中8针，②隔1行减1针减11次。余针平收，与正身整齐缝合。

内折效果：

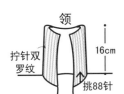

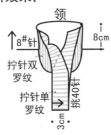

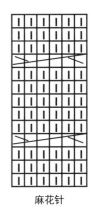
麻花针

拧针单罗纹

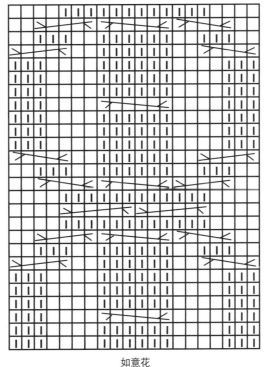
如意花

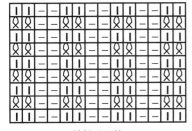
拧针双罗纹

辫子麻花针

温馨提示

首先从领口挑针织领子，领内折后与挑领处松缝合，最后横挑领边并在领底处横缝合。

纹花合体上衣

材　　料：	273规格纯毛粗线
工　　具：	6号针
用　　量：	400克
尺　　寸：	衣长42厘米、袖长45厘米、胸围64厘米、肩宽26厘米
平均密度：	边长10厘米方块 = 22针×24行

编织说明：

　　从下摆起针后按花纹环形向上织，先减袖窿后减领口，前后肩头缝合后挑织领边；袖口起针后规律加针至腋下，减袖山后余针平收，与正身整齐缝合。

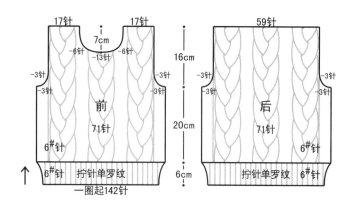

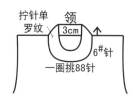

正身排花：

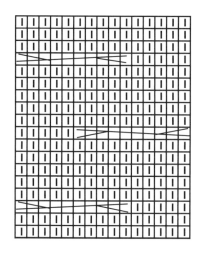

辫子麻花针

编织步骤:

1. 用6号针起142针, 环形织6厘米拧针单罗纹。

2. 按正身排花环形织20厘米后减袖窿: ①平收腋正中6针, ②隔1行减1针减3次。

3. 距后脖7厘米时减领口: ①平收领正中13针, ②隔1行减3针减1次, ③隔1行减2针减1次, ④隔1行减1针减1次。前后肩头缝后, 从领口处挑88针, 环形织3厘米拧针单罗纹后收机械

边形成领子。

4. 袖口用6号针起38针, 环形织6厘米拧针单罗纹后按排花环形向上织, 同时在袖腋处隔13行加1次针, 每次加2针, 共加3次。总长至34厘米时减袖山: ①平收腋正中6针, ②隔1行减1针减11次。余针平收, 与正身整齐缝合。

拧针单罗纹

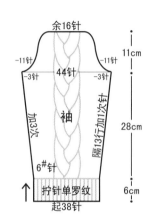

余16针
-11针 -11针
-3针 44针 -3针
隔13行加1次针
加3次
袖
6#针
拧针单罗纹
起38针
11cm
28cm
6cm

袖子排花:

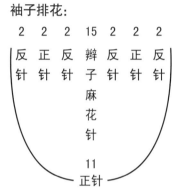

2	2	2	15	2	2	2
反针	正针	反针	辫子麻花针	反针	正针	反针

11
正针

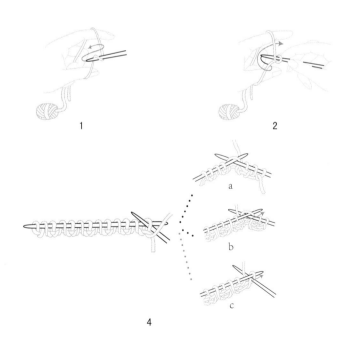

1   2   3

5

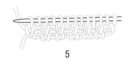

a

b

c

4

6

机械边起针方法

温馨提示

注意前后肩头的辫子麻花针不要拧针, 以正针为主, 以保持肩部弹性。

V领开衫

材　　料：273规格纯毛粗线

工　　具：6号针

用　　量：400克

尺　　寸：衣长42厘米、袖长42厘米、胸围67厘米、肩宽26厘米

平均密度：边长10厘米方块 = 20针×24行

编织说明：

从下摆起针往返织片，减袖窿和减领口同时进行，门襟不缝合，依然向上织至后脖正中缝合形成领子；袖口起针后规律加针至腋下，减袖山后余针平收，与正身整齐缝合。

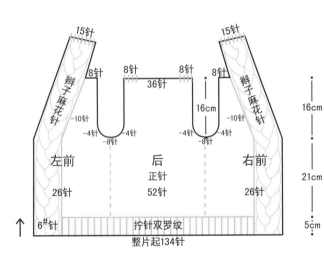

袖子排花：

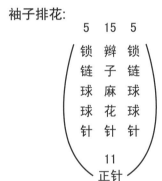

整体排花：

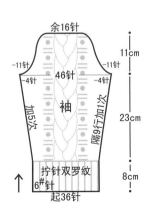

编织步骤:

1. 用6号针起134针,左右15针织辫子麻花针,中间104针织拧针双罗纹。

2. 至5厘米时按排花往返织大片,总长至26厘米时减袖窿:①平收腋正中8针,②隔1行减1针减4次。

3. 减袖窿的同时减领口:①在15针门襟的内侧隔1行减1针减5次,②隔3行减1针减5次。前后肩各取8针缝合后,门襟的15针不缝,依然向上织,至后脖正中时对头缝合形成领边。

4. 袖口用6号针起36针,环形织8厘米拧针双罗纹后按排花向上织,同时在袖腋处隔9行加1次针,每次加2针,共加5次。总长至31厘米时减袖山:①平收腋正中8针,②隔1行减1针减11次。余针平收,与正身整齐缝合。

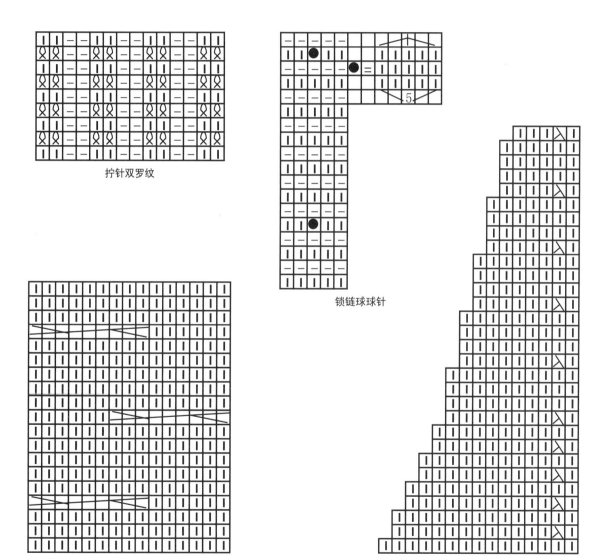

拧针双罗纹

锁链球球针

辫子麻花针

压减针方法针

减领口时,15针门襟不变,只在其内侧压减针,效果自然整齐。

60

甜心小裙

材　料：273规格纯毛粗线

工　具：6号针、6号环形针

用　量：550克

尺　寸：衣长58厘米、袖长32（腋下至袖口）厘米、胸围71厘米

平均密度：边长10厘米方块 = 19针×24行

编织说明：

　　从下摆起针环形向上织，统一减针后按排花织正身，前片有花纹，后片为正针，至腋下后，按英式插肩毛衣织法减袖窿，前后片相同；另线起针织袖子，环形直织时不必在袖腋处加针，同样按英式插肩毛衣织法减袖山，两袖与正身缝合后，将前后片和两袖山余针穿起环形向上织领子。

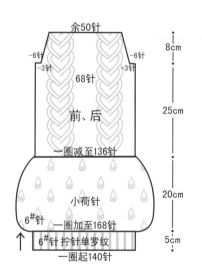

余50针

-6针　-6针

-3针　-3针

68针

前、后

25cm

8cm

一圈减至136针

小荷针

一圈加至168针

6#针

20cm

6#针 拧针单罗纹

5cm

一圈起140针

整体排花：

1	20	1	12	1	20	1	
反针	心形花纹	反针	菠萝针	反针	心形花纹	反针	
12 菠萝针							12 菠萝针
1	20	1	12	1	20	1	
反针	心形花纹	反针	菠萝针	反针	心形花纹	反针	

袖子排花：

1	20	1
反针	心形花纹	反针

32

正针

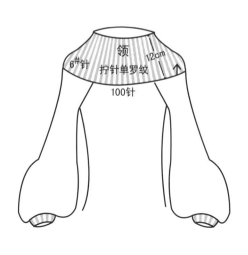

领

12cm

6#针 拧针单罗纹

100针

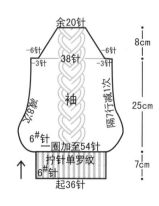

余20针

-6针　-6针

-3针　-3针

38针

袖

隔7行减1次

25cm

8cm

6#针 一圈加至54针

拧针单罗纹

6#针

起36针

7cm

编织步骤:

1. 用6号针起140针,环形织5厘米拧针单罗纹。

2. 统一加至168针,环形织20厘米小荷针后统一减至136针并按排花织25厘米并减袖窿:①平收腋正中6针,②隔1行减1针减6次,前后领口平留余针待织。

3. 袖口用6号针起36针,环形织7厘米拧针单罗纹后,统一加至54针后按排花环形向上织,同时在袖腋处隔7行减1次针,

每次减2针,共减8次。总长至32厘米时减袖山:①平收腋正中6针,②隔1行减1针减6次。

4. 将两袖和正身按英式插肩毛衣方法缝合后,用环形针将前后片和两袖山处余针穿起,一圈统一减至100针,用6号针环形织12厘米拧针单罗纹后收机械边。

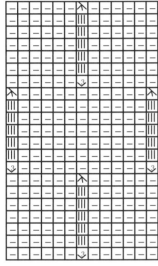

小荷针

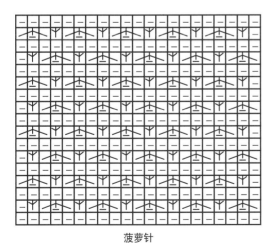

菠萝针

拧针单罗纹

心形花纹

温馨提示

注意服装前片有花纹,后片为正针。

新贵燕尾式开衣

材　料: 273规格纯毛粗线
工　具: 6号针
用　量: 450克
尺　寸: 衣长56厘米、袖长43厘米、胸围49厘米、肩宽21厘米
平均密度: 边长10厘米方块 = 19针×24行

编织说明:

　　从后片起针后往返向上织，同时在两侧规律加针织相应长度，再次从两侧统一加针后，整片向上直织，只减袖窿不减领口，前后片等高后取部分针目缝合肩头，门襟针目依然向上织，至后脖正中时对头缝合形成小立领；袖口起针后按排花环形向上织，同时在袖腋处规律加针至腋下，减袖山后余针平收，与正身整齐缝合。

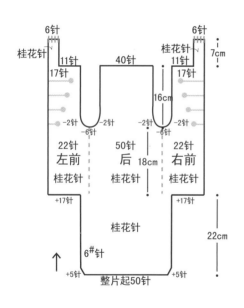

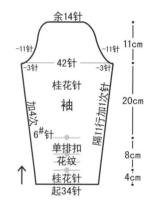

袖子排花:

14
单
排
扣
花
纹
20
桂花针

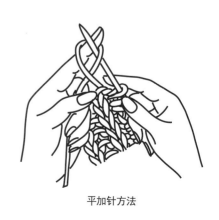

平加针方法

编织步骤:

1. 用6号针起50针,往返织星星针。

2. 在两侧隔1行加1针共加5次,整片共60针向上直织22厘米后,分别在两侧各平加17针。整片共94针向上直织18厘米后减袖窿:①平收腋正中6针,②隔1行减1针减2次。减袖窿的同时左右胸部改织单排扣花纹。

3. 领口不必减针,与后脖等高后,取11针与后片肩头缝合。左

右门襟处余6针,继续向上织7厘米桂花针后对头缝合形成小立领。

4. 袖口用6号针起34针,环形织4厘米桂花针,按排花向上织8厘米后改织桂花针,同时在袖腋处隔11行加1次针,每次加2针,共加4次。总长至32厘米时减袖山:①平收腋正中6针,②隔1行减1针减11次。余针平收,与正身整齐缝合。

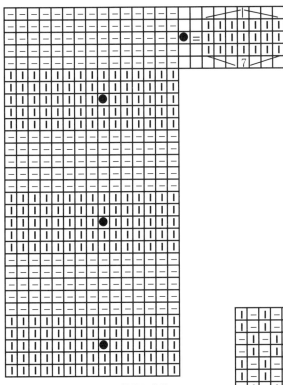

单排扣花纹

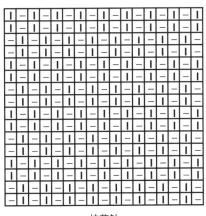

桂花针

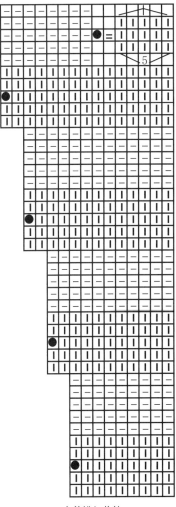

正身单排扣花纹

温馨提示

注意腋下减针的同时,前胸改织单排扣花纹。

64

安德烈王子礼服

材料： 273规格纯毛粗线

工具： 6号针

用量： 450克

尺寸： 衣长59厘米、袖长44厘米、胸围49厘米、肩宽21厘米

密度： 边长10厘米方块 = 19针×24行

编织说明：

　　从后片起针后往返向上织片，在两侧规律加针后，再向上织相应长度，并在两侧再次统一平加针，整片向上直织。至腋下后减袖窿，领口不必减针，前后肩头等高后缝合，余6针继续向上织，至后脖正中时对头缝合形成小立领；袖口起针后环形向上织，在袖腋处规律加针至腋下，减袖山后余针平收，与正身整齐缝合。

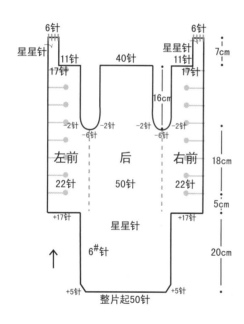

后片示意图：
- 6针　6针
- 星星针　星星针
- 11针　40针　11针　7cm
- 17针　17针
- 16cm
- -2针　-2针　-2针　-2针
- -6针　-6针
- 左前　后　右前　18cm
- 22针　50针　22针
- +17针　+17针　5cm
- 星星针
- 6#针　20cm
- +5针　整片起50针　+5针

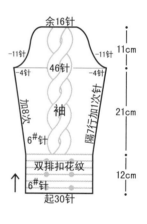

袖子示意图：
- 余16针
- -11针　-11针　11cm
- -4针　46针　-4针
- 加8次　袖　隔7行加1次针　21cm
- 6#针
- 双排扣花纹　12cm
- 6#针
- 起30针

袖子排花：

　　1　8　1
　反　麻　反
　针　花　针
　　　针
　　　20
　　正针

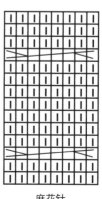

麻花针

编织步骤:

1. 用6号针起50针, 往返织星星针。

2. 在两侧隔1行加1针加5次, 整片共60针向上直织20厘米后, 分别在两侧各平加17针后整片共94针, 向上直织5厘米后左右前片改织18厘米单排扣花纹并减袖窿: ①平收腋正中6针, ②隔1行减1针减2次。

3. 领口不必减针, 与后脖等高后, 取11针与后片肩头缝合。左

右门襟处余6针继续向上织7厘米星星针后对头缝合形成小立领。

4. 袖口用6号针起30针, 环形织12厘米双排扣花纹后, 按排花环形向上织, 同时在袖腋处隔7行加1次针, 每次加2针, 共加8次。总长至33厘米时减袖山: ①平收腋正中8针, ②隔1行减1针减11次。余针平收, 与正身整齐缝合。

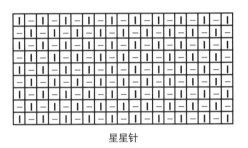

星星针

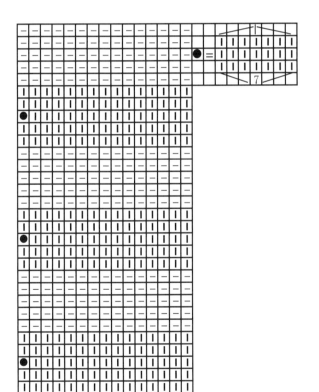

单排扣花纹

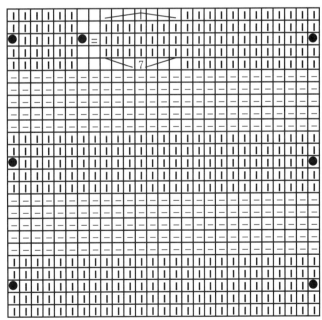

双排扣花纹

温馨提示

前后肩各取11针缝合后, 余6针向上织7厘米后对头缝合形成立领。

66

围巾式披肩

材　　料：278规格纯毛粗线

工　　具：6号针

用　　量：400克

尺　　寸：以实物为准

平均密度：边长10厘米方块 ＝ 21针×24行

编织说明：

　　首先织一条长围巾，然后织后片，按相同字母将两者松缝合，留出的开口为袖窿口，从此处环形挑针向下织袖子。

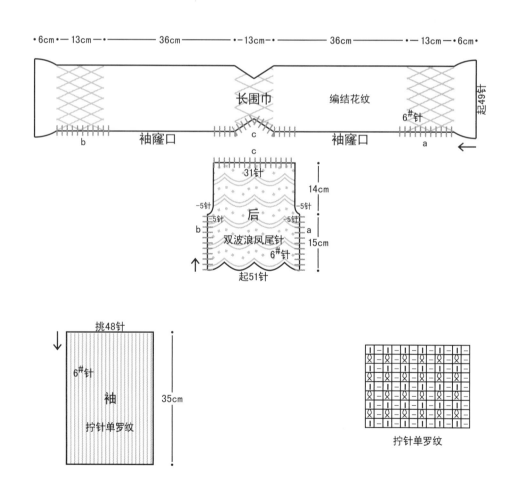

起49针

| 6cm | 13cm | 36cm | 13cm | 36cm | 13cm | 6cm |

长围巾　　编结花纹

6#针

b　　袖窿口　　　　　　c　　　　　　袖窿口　　　　a

c

31针

14cm

-5针　　　　　　　　　-5针

-5针　　　　　　-5针

后

b　　　　　　　　　　a

双波浪凤尾针

6#针　　　　15cm

起51针

挑48针

6#针

袖　　　　35cm

拧针单罗纹

拧针单罗纹

编织步骤:

1. 用6号针起49针, 按花纹往返向上织123厘米形成长围巾。

2. 另线起51针往返织15厘米双波浪凤尾针后减袖窿: ①平收一侧5针, ②隔1行减1针减5次。总长至29厘米时松收平边形成后片。

3. 按图中相同字母将后片和长围巾缝合, 留出的开口是袖窿口。

4. 用6号针从袖窿口处环形挑出48针织拧针单罗纹, 环形向下织形成袖子, 至35厘米时收机械边。

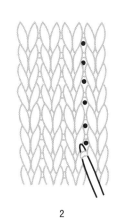

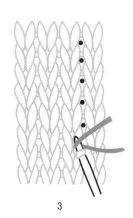

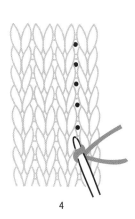

| 1 | 2 | 3 | 4 |

挑针织法

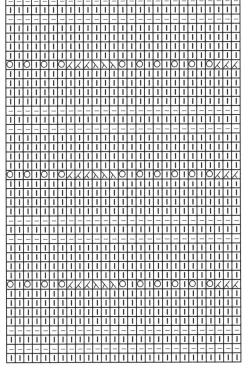

双波浪凤尾针

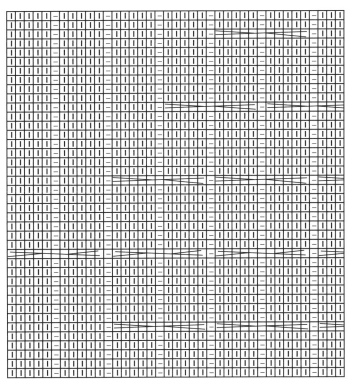

编结花纹

织长围巾时注意按标注尺寸拧针。

球球袖大领上衣

材 料: 273规格纯毛粗线

工 具: 6号针

用 量: 450克

尺 寸: 以实物为准

平均密度: 边长10厘米方块 = 21针×24行

编织说明:

　　起针后首先织前片，至领口时分两片织，至后脖正中时对头缝合；另线起针织后片，完成后与前片按相同字母缝合，最后从袖窿口挑针向下织袖子。

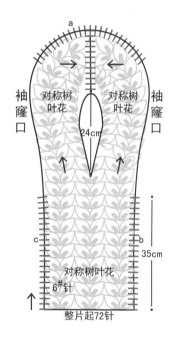

袖窿口　对称树叶花　对称树叶花　袖窿口

24cm

c　b

35cm

对称树叶花
6#针

整片起72针

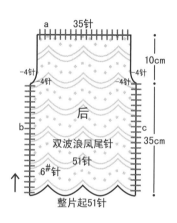

a　35针

10cm

-4针　-4针　-4针　-4针

后

b　c

35cm

双波浪凤尾针
51针
6#针

整片起51针

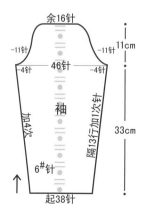

余16针

-11针　11cm　-11针

46针

-4针　-4针

袖

加4次　隔13行加1次针　33cm

6#针

起38针

袖子排花:

　　1　9　1

反　锁　反
针　链　针

　　球
　　球
　　针

　　27
　　正针

156

编织步骤:

1. 用6号针起72针织前片,往返向上织35厘米对称树叶花后,从正中分两片再织24厘米后对头缝合。

2. 另线起51针往返织35厘米双波浪凤尾针后减袖窿:①平收两侧各4针,②隔1行减1针减4次。总长至45厘米时松收平边完成后片。

3. 按相同字母松缝合各部分,形成的开口为袖窿口。

4. 用6号针起38针按排花环形向上织,同时在袖窿处隔13行加1次针,每次加2针,共加4次。总长至33厘米时减袖山:①平收腋正中8针,②隔1行减1针减11次。余针平收,与袖窿口处整齐缝合。

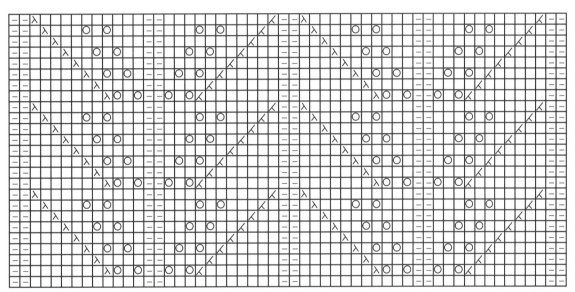

对称树叶花

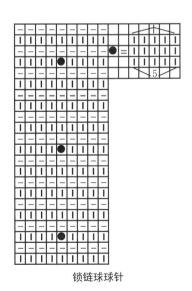

锁链球球针

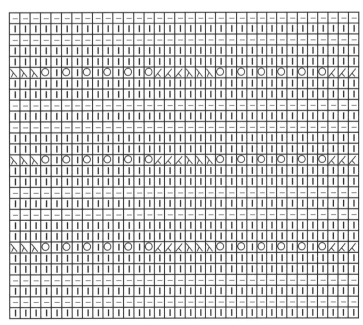

双波浪凤尾针

注意后片高度,从两腋减针处至收针为10厘米。

157

爵士上衣

材　料：273规格纯毛粗线

工　具：6号针　8号针

用　量：350克

尺　寸：衣长43厘米、袖长43厘米、胸围58厘米、肩宽21厘米

平均密度：边长10厘米方块 = 19针×24行

编织说明：

　　从下摆起针后环形向上织，先减袖窿后减领口，前后肩头缝合后挑织方领；袖口起针后环形向上织，统一加针后再环形织相应长度后减袖山，余针平收，与正身整齐缝合。

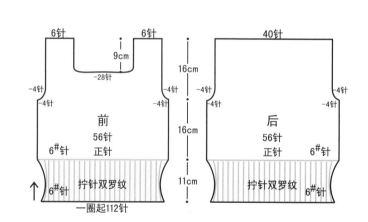

6针　　　　6针　　　　　　　40针

9cm

-28针

16cm

-4针　-4针　　　　　　　-4针　-4针

-4针　-4针　　　　　　　-4针　-4针

16cm

前　　　　　　　　后

56针　　　　　　　56针

正针　　　　　　　正针

6#针　　　　　　　　　　　6#针

11cm

6#针　拧针双罗纹　　拧针双罗纹　6#针

一圈起112针

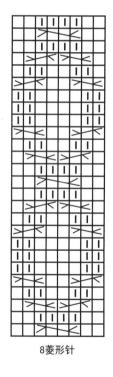

8菱形针

减至20针

余40针

-11针　　-11针　　11cm

-4针　70针　-4针　　6cm

加至70针

袖

拧针双罗纹　　26cm

6#针

起40针

袖子排花：

8　6　8　6　8　6　8　6　8

菱 反 菱 反 菱 反 菱 反 菱

形 针 形 针 形 针 形 针 形

针　　针　　针　　针　　针

6

反针

编织步骤:

1. 用6号针起112针, 环形织11厘米拧针双罗纹。
2. 不加减针改织16厘米正针后减袖隆: ①平收腋正中8针, ②隔1行减1针减4次。
3. 距后脖9厘米时减领口: ①平收领正中28针, ②余针向上直织。前后肩头缝合后, 从领口处环形挑出92针用8号针织2厘米拧针双罗纹后收机械边。

4. 袖口用6号针起40针, 环形织26厘米拧针双罗纹, 统一加至70针后按排花环形织6厘米后减袖山: ①平收腋正中8针, ②隔1行减1针减11次。余40针统一减至20针后, 与正身整齐缝合。

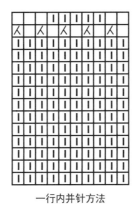

一行内并针方法

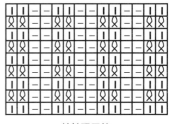

拧针双罗纹

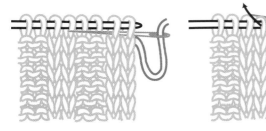

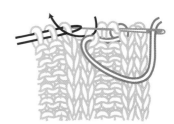

双罗纹收针缝合方法

温馨提示

领口处统一减针后左右前片分别向上直织, 与后脖同样高度时缝合肩头。

73

如意高领上衣

材　　料：273规格纯毛粗线

工　　具：6号针

用　　量：400克

尺　　寸：衣长45厘米、袖长45厘米、胸围72厘米、肩宽33厘米

平均密度：边长10厘米方块 = 21针×24行

编织说明：

　　从下摆起针后环形向上织，先减袖窿后减领口，前后肩头缝合后挑织方领；袖口起针后环形向上织，同时在袖腋处规律加针至腋下，减袖山后余针平收，与正身缝合。

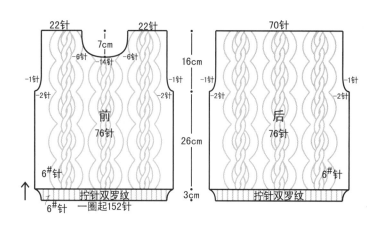

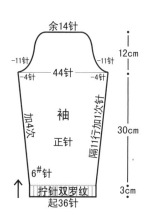

正身排花：

	20	4	20	4	20	
	如意花	反针	如意花	反针	如意花	
8 反针						8 反针
	20	4	20	4	20	
	如意花	反针	如意花	反针	如意花	

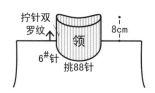

编织步骤:

1. 用6号针起152针，环形织3厘米拧针双罗纹。

2. 按排花环形织26厘米后减袖窿：①平收腋正中4针，②隔1行减1针减1次。

3. 距后脖7厘米时减领口：①平收领正中14针，②隔1行减3针减1次，③隔1行减2针减1次，④隔1行减1针减1次。前后肩头缝后，从领口处挑88针，环形织8厘米拧针双罗纹后收机械边形成高领。

4. 袖口用6号针起36针，环形织3厘米拧针双罗纹后改织正针，同时在袖腋处隔11行加1次针，每次加2针，共加4次。总长至33厘米时减袖山：①平收腋正中8针，②隔1行减1针减11次。余针平收，与正身整齐缝合。

如意花

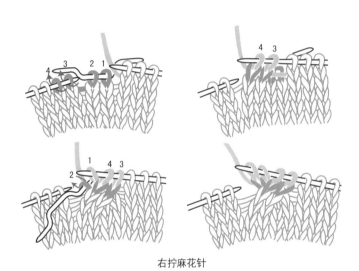

右拧麻花针

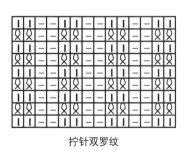

拧针双罗纹

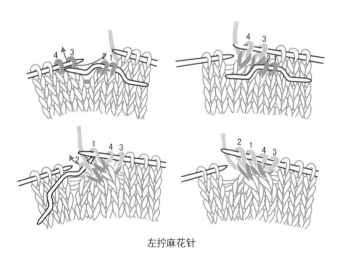

左拧麻花针

温馨提示

织领口时注意按要求减针，以保持花纹完整。

74

蓬蓬公主裙

材料： 273规格纯毛粗线

工具： 6号针

用量： 400克

尺寸： 衣长43厘米、袖长45厘米、胸围60厘米、肩宽22厘米

密度： 边长10厘米方块 = 20针×24行

编织说明：

　　从下摆起针后环形向上织，统一减针形成束腰效果，正身按排花织，完成后减袖窿和领口，前后肩头缝合后自然形成领边。袖口起针后环形向上织，同时在袖腋处规律加针至腋下，减袖山后余针平收，与正身整齐缝合。

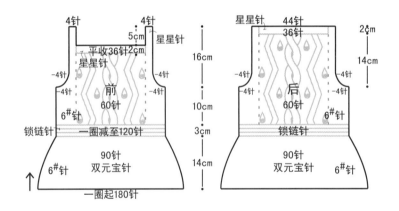

4针　　　4针
　　　5cm　星星针
平收36针2cm
星星针
-4针　　　　-4针　16cm
-4针　　　　-4针
前
60针
6#针
锁链针　一圈减至120针
90针
6#针　双元宝针　6#针
10cm
3cm
一圈起180针　14cm

星星针　44针
　　　　36针
-4针　　　　-4针　2cm
-4针　　　　-4针　14cm
后
60针
锁链针
90针
双元宝针　6#针

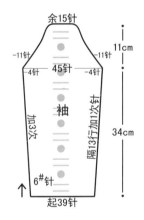

余15针
-11针　　　-11针　11cm
-4针　45针　-4针
袖
隔13行加1次针　34cm
加3次
6#针
起39针

正身排花：

36
24　观览车针　24
星　　　　星
星　　　　星
针　36　针
观览车针

袖子排花：

9
锁
链
球
球
针
30
星星针

双元宝针

编织步骤：

1. 用6号针起180针，环形织14厘米双元宝针。

2. 统一减至120针改织3厘米锁链针。

3. 按排花环形织10厘米正身后减袖窿：①平收腋正中8针，②隔1行减1针减4次。

4. 距后脖7厘米时，将前片正中36针改织2厘米星星针后减领口：①紧平收前领口36针，②余针向上直织。前后肩头缝合后，自然形成翻领。

5. 袖口用6号针起39针按排花环形向上织，同时在袖腋处隔13行加1次针，每次加2针，共加3次。总长至34厘米后减袖山：①平收腋正中8针，②隔1行减1针减11次。余针平收，与正身整齐缝合。

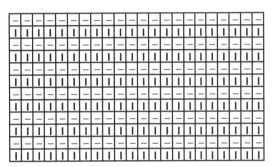

锁链针

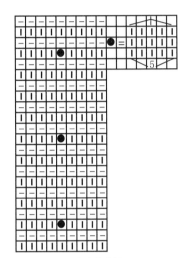

锁链球球针

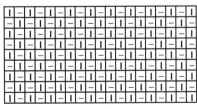

星星针

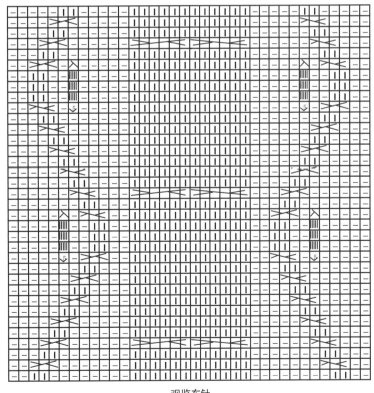

观览车针

领口平收针时注意拉紧线，以保持领部平展度。

76

方领直袖上衣

材料： 273规格纯毛粗线

工具： 6号针

用量： 400克

尺寸： 衣长41厘米、袖长32（腋下至袖口）厘米、胸围65厘米、肩宽32厘米

密度： 边长10厘米方块 ＝ 19针×24行

编织说明：

从下摆起针后向上环形织，先从腋下分前后片织，然后减领口，肩头缝合后，挑织袖子，领不做处理。

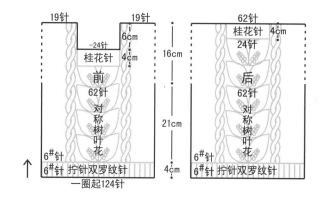

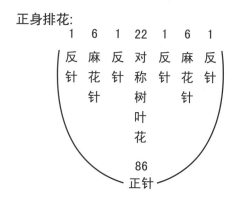

正身排花：

1	6	1	22	1	6	1
反针	麻花针	反针	对称树叶花	反针	麻花针	反针

86
正针

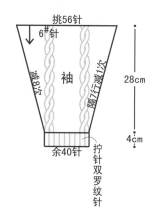

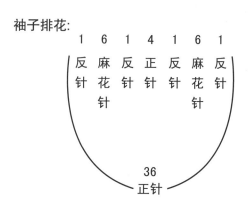

袖子排花：

1	6	1	4	1	6	1
反针	麻花针	反针	正针	反针	麻花针	反针

36
正针

编织步骤:

1. 用6号针起124针,环形织4厘米拧针双罗纹。

2. 按排花向上环形织21厘米后分前、后片织,腋下不减针。

3. 距后脖10厘米时,前片领口正中24针改织4厘米桂花针后紧收平边,两侧余针向上直织6厘米后完成前片。

4. 后片分针后向上织12厘米时,取后片正中24针改织4厘米桂花针后收针。

5. 前后肩头缝合后,从袖窿口挑出56针按排花环形向下织袖子,同时在袖腋处隔7行减1次针,每次减2针,共减8次。总长至28厘米时改织4厘米拧针双罗纹形成袖口。

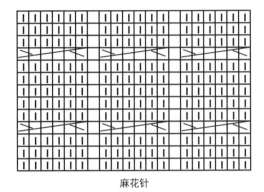

麻花针

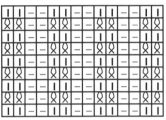

拧针双罗纹

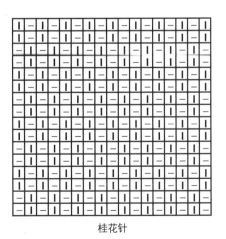

桂花针

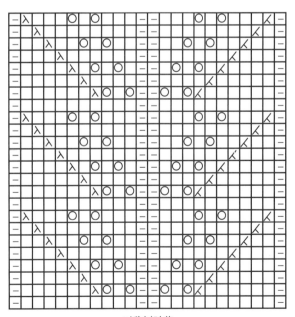

对称树叶花

腋下分片织时,边针行行织,方便挑袖子。

时尚开衫

材料: 273规格纯毛粗线

工具: 6号针

用量: 550克

尺寸: 衣长39厘米、袖长43厘米、胸围69厘米、肩宽27厘米

密度: 边长10厘米方块 = 19针×24行

编织说明:

从下摆起针后按花纹整片向上织，减袖窿和减领口同时进行，门襟边不缝合，向上直织后对头缝合形成领边；袖口起针后环形向上织，按要求加、减针后至腋下，减袖山后余针平收，与正身整齐缝合。

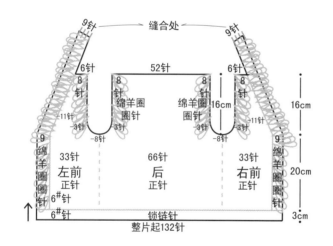

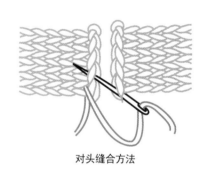

对头缝合方法

整体排花:

```
  9   114   9
  绵   正   绵
  羊   针   羊
  圈       圈
  圈       圈
  针       针
```

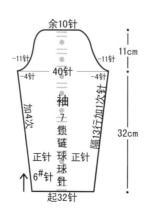

袖子排花:

```
     7
     锁
     链
     球
     球
     针
     25
     正针
```

编织步骤:

1. 用6号针起132针,往返织3厘米锁链针。

2. 然后按整体排花向上织,中间织正针,左右各9针为绵羊圈圈针。

3. 往返向上织20厘米后减袖窿:①平收腋正中8针,②隔1行减1针减3次。减完袖窿后,前后片肩袖交界处改织8针绵羊圈圈针至肩头缝合处。

4. 减袖窿的同时减领口:①在9绵羊圈圈针内侧隔1行减1针减5次,②隔3行减1针减6次。前后肩头缝合后,门襟的9绵羊圈圈针不收针,依然向上直织,至后脖正中时对头缝合形成领边。

5. 袖口用6号针起32针后按排花环形向上织,同时在袖腋处隔13行加1次针,每次加2针,共加4次。总长至32厘米时减袖山:①平收腋正中8针,②隔1行减1针减11次。余针平收,与正身整齐缝合。

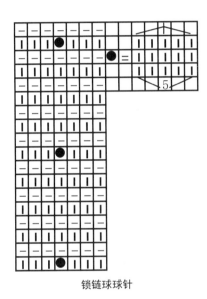

锁链球球针

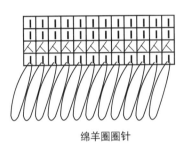

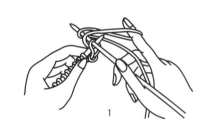

绵羊圈圈针

第一行:右食指绕双线织正针,然后把线套绕到正面,按此方法织第2针。

第二行:由于是双线所以2针并1针织正针。

第三、四行:织正针,并拉紧线套。

第五行以后重复第一到第四行。

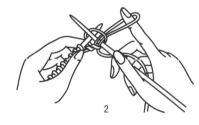

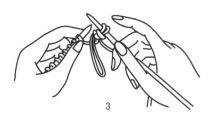

绵羊圈圈针

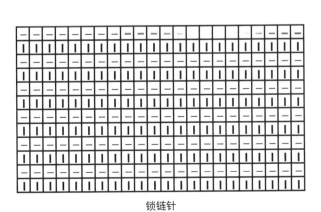

锁链针

温馨提示

门襟的绵羊圈圈长度4~5厘米,前后肩的绵羊圈圈长度3~4厘米。

泡袖公主上衣

材料: 273规格纯毛粗线

工具: 6号针 8号针

用量: 400克

尺寸: 衣长43厘米、袖长44厘米、胸围58厘米、肩宽21厘米

密度: 边长10厘米方块 = 19针×24行

编织说明:

　　从下摆起针后环形向上织,先减袖窿后减领口,前后肩头缝合后挑织方领;袖口起针后环形向上织,统一加针后再环形织相应长度后减袖山,余针平收,与正身整齐缝合。

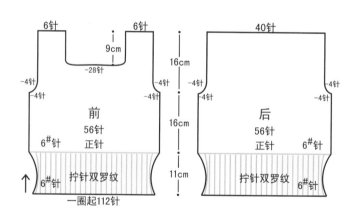

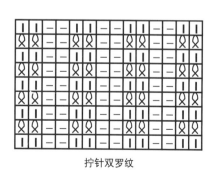

拧针双罗纹

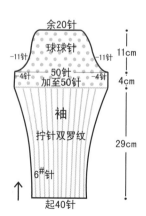

编织步骤:

1. 用6号针起112针,环形织11厘米拧针双罗纹。

2. 不加减针改织16厘米正针后减袖隆:①平收腋正中8针,②隔1行减1针减4次。

3. 距后脖9厘米时减领口:①平收领正中28针,②余针向上直织。前后肩头缝合后,从领口处环形挑出92针用8号针织2

厘米拧针双罗纹后收机械边。

4. 袖口用6号针起40针,环形织29厘米拧针双罗纹后,统一加至50针后环形织4厘米球球针后减袖山:①平收腋正中8针,②隔1行减1针减11次。余针平收后,与正身整齐缝合。

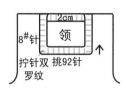

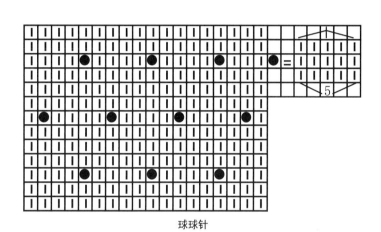

球球针

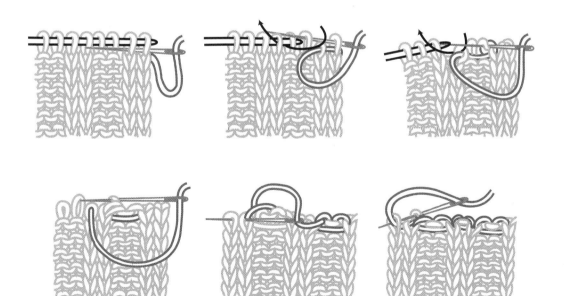

双罗纹收针缝合方法

球球针费线,大面积使用这种针法时注意毛线用量。

基础编织技巧

1. 棒针持线、持针方法

2. 棒针双针双线起针方法

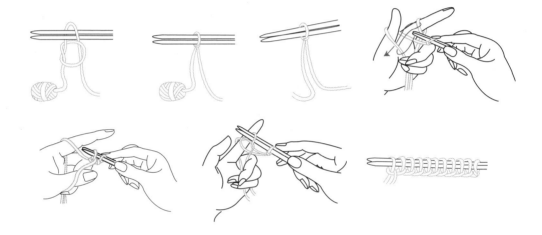

3. 绕线起针方法

4. 钩针配合棒针起针方法

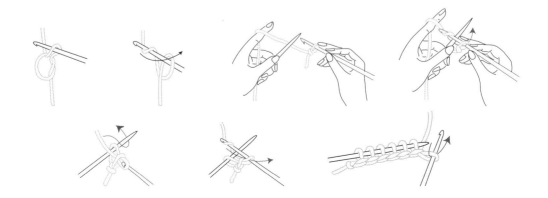

5. 单罗纹起针方法（机械边）

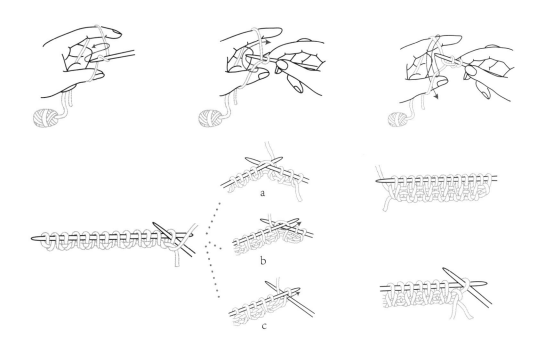

a

b

c

6. 单罗纹变双罗纹方法

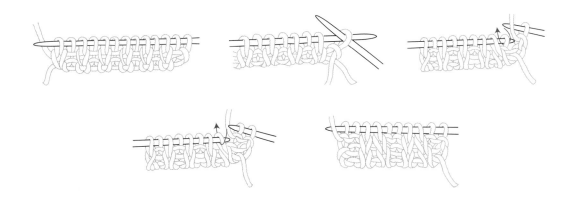

7. 直针用法

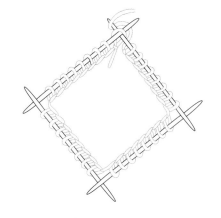

8. 环形针用法

9. 收平边

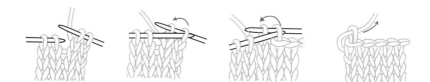

10. 代针方法

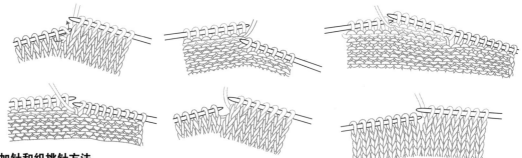

11. 侧面加针和织挑针方法

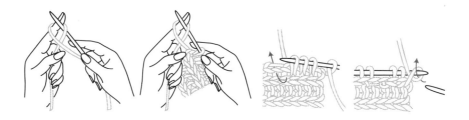

12. 扣眼织法

13. 小绳钩法

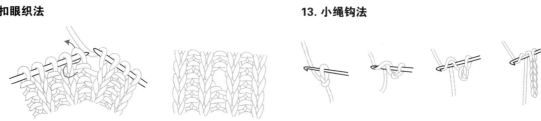

14. 挑针织法

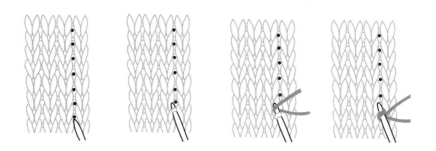

15. 缝纽扣方法

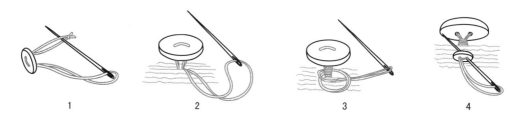

1   2   3   4

棒针编织符号及编织方法

1. 正针

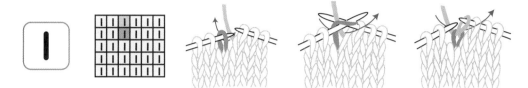

2. 反针

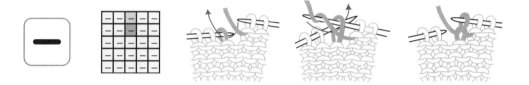

3. 空加针

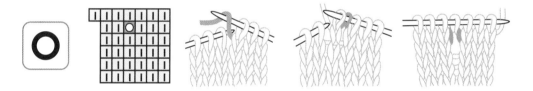

4. 拧加针

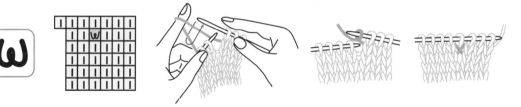

5. 左在上2针并1针

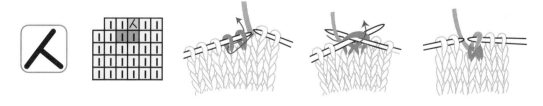

6. 右在上2针并1针

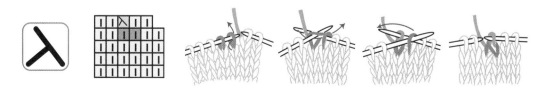

7. 反针左在上2针并1针

  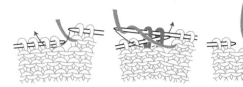

8. 反针右在上2针并1针

  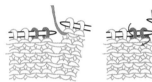 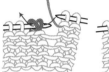

9. 左在上3针并1针

  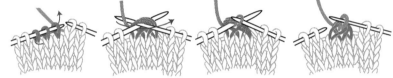

10. 右在上3针并1针

  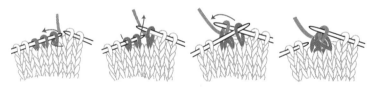

11. 中在上3针并1针

 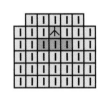 

12. 反针中在上3针并1针

13. 挑针

  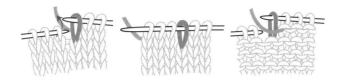

14. 拧针

  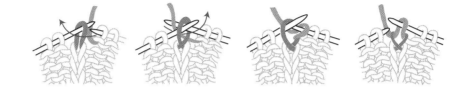

15. 左在上交叉针

  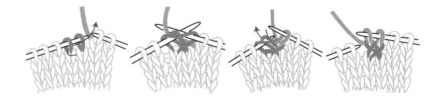

16. 右在上交叉针

  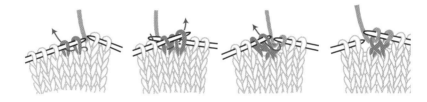

17. 四麻花针右拧

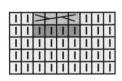 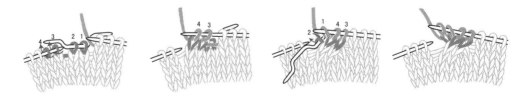

18. 四麻花针左拧

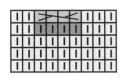 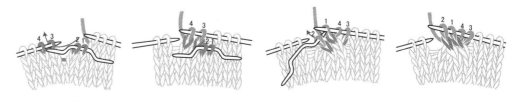

图书在版编目（CIP）数据

全图解最靓儿童毛衫编织 / 王春燕编. —— 郑州：河南科学技术出版社，2012.1
（2012.4重印）

ISBN 978-7-5349-5328-6

Ⅰ．①全… Ⅱ．①王… Ⅲ．①童服－毛衣－编织－图集 Ⅳ．①TS941.763.1-64

中国版本图书馆CIP数据核字(2011)第192293号

出版发行：河南科学技术出版社
　　　　　地址：郑州市经五路66号　　　邮编：450002
　　　　　电话：（0371）65737028　　　65788613
　　　　　网址：www.hnstp.cn
策划编辑： 刘　欣
责任编辑： 刘　欣
责任校对： 刘　瑞
封面设计： 王　春
责任印制： 张艳芳
印　　刷： 北京盛通印刷股份有限公司
经　　销： 全国新华书店
幅面尺寸： 210 mm×285 mm　　　　**印张：** 11　　　　**字数：** 250千字
版　　次： 2012年1月第1版　　2012年4月第2次印刷
定　　价： 38.90元